# 流域水环境
## 风险管理技术研究与应用

何斐 著



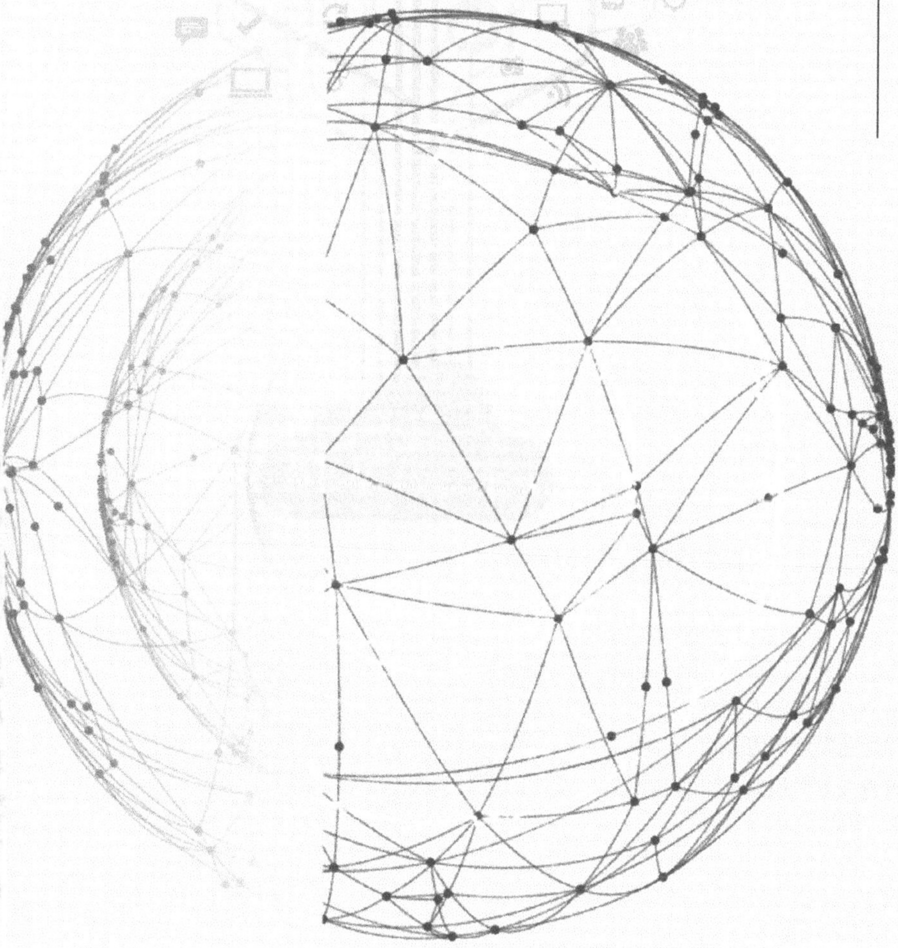

河海大學出版社
HOHAI UNIVERSITY PRESS

**图书在版编目(CIP)数据**

流域水环境风险管理技术研究与应用 / 何斐著. --
南京 : 河海大学出版社, 2022.12
ISBN 978-7-5630-7892-9

Ⅰ. ①流… Ⅱ. ①何… Ⅲ. ①流域-水环境-环境管理-风险管理-研究 Ⅳ. ①X143

中国版本图书馆 CIP 数据核字(2022)第 244906 号

| | |
|---|---|
| **书　　名** | 流域水环境风险管理技术研究与应用<br>LIUYU SHUIHUANJING FENGXIAN GUANLI JISHU YANJIU YU YINGYONG |
| **书　　号** | ISBN 978-7-5630-7892-9 |
| **责任编辑** | 卢蓓蓓 |
| **特约校对** | 夏云秋 |
| **封面设计** | 刘艳红 |
| **出版发行** | 河海大学出版社 |
| **地　　址** | 南京市西康路 1 号(邮编:210098) |
| **电　　话** | (025)83737852(总编室)　(025)83722833(营销部) |
| **经　　销** | 江苏省新华发行集团有限公司 |
| **排　　版** | 南京布克文化发展有限公司 |
| **印　　刷** | 苏州市古得堡数码印刷有限公司 |
| **开　　本** | 787 毫米×1092 毫米　1/16 |
| **印　　张** | 8.75 |
| **字　　数** | 142 千字 |
| **版　　次** | 2022 年 12 月第 1 版 |
| **印　　次** | 2022 年 12 月第 1 次印刷 |
| **定　　价** | 68.00 元 |

# 目　录

# 第1章
# 风险区划的理论基础

## 1.1 区域环境风险系统理论

环境风险事件不能被简单地看作是由事故释放的一种或多种危险性因素造成的后果，而应看作是风险产生、风险控制、受体暴露等所有因素所构成的系统。环境污染事件是在环境风险场的复合作用机制下形成的，环境风险场则包括风险源、环境风险控制机制、风险受体三个因素，见图1.1.1。

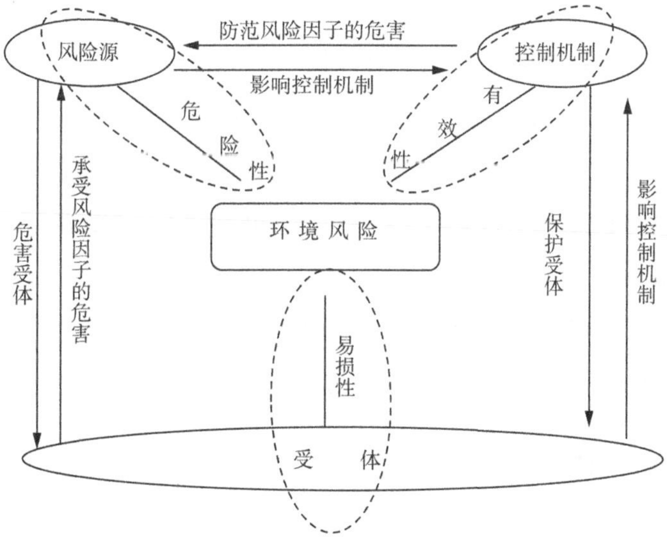


**图1.1.1 区域环境风险系统**

### 1.1.1 风险源

风险源指可能产生环境危害的源头，是环境风险事件发生的先决条件。区域发展所涉及的重大风险源包括使用易燃易爆或者有毒有害危险物质的企业、集中仓储仓库、危险物质供应过程中的运输等。

### 1.1.2 控制机制

控制机制主要包括初级控制机制与次级控制机制：

初级控制机制：包括对风险源的控制设施，以及对控制设施进行维护、管理，使之良好运作的主要与人有关的因素。在风险因子释放之前，所谓的环境风险源实际上只是作为潜在环境风险源，与真正的环境风险源之间的相互转换取决于某种系统的状态，控制这种转化过程的系统称为初级控制机制。初级控制机制的效用是：将风险源控制、维持在使风险受体相对安全的状态；对风险因子进行遏制，使其只能以较低水平释放。

次级控制机制：是控制已释放的风险因子，避免其向更大范围扩散，或者控制诱导风险因子向远离风险受体的方向转运，从而降低风险因子危害性的作用机制。次级控制机制可以是自然形成的，也可以是人为制造的安全系统；可以是工程性措施，也可以是非工程性措施；可以是针对环境介质转运作用的控制措施，也可以是对可能暴露或已暴露受体的保护措施。次级控制机制是风险场形成过程中的制约因子，所以强化次级控制机制也是环境风险管理的重要手段之一。通过对次级控制机制的分析，可以发现环境风险管理的有效“节点”，形成合理的风险削减策略。

### 1.1.3 风险受体

风险受体即风险承受者，在风险评价中指生态系统中可能受到来自风险源的不利作用的组成部分，包括在区域环境中工作和生活的人、敏感的物种和区域环境中的敏感环境要素（如水体、土壤、大气等）。

环境风险系统中的这些要素相互联系、相互作用，在一定条件下形成区域环境风险，造成环境危害。流域环境系统的各要素有其特殊的结构、功能及运动规律，各要素间存在一定的关联作用，具有一定的整体性。流域的环境风险区划管理必须从这一系统的整体出发，只有运用系统科学的理论和方法，从环境风险系统的观点出发，系统地探讨环境风险的识别、预测、分析与决策的综合分析方法，才能真正揭示环境风险问题的本质，才能反映环境风险问题的复杂性、综合性和动态性。

## 1.2　环境风险区划的理论基础

区域环境风险是区域环境风险事件发生及造成损失的可能性或不确定性，是风险源（可能的风险因子）的数量、控制机制的状态、受体价值和易损性以及人类社会的防范能力、管理和政策水平等主要因素综合作用的产物。环境风险事件的发生是环境风险系统的各部分依次发生作用的结果，大体包含 3 个基本过程：①风险因子释放过程，即环境风险源的形成及环境风险因子的释放；②风险因子转运过程，即环境风险因子在环境空间中经一系列过程形成特定的时空分布格局；③风险受体暴露及受损过程，即环境空间中的风险因子损害某种风险受体。环境风险区划的理论基础，即为环境风险系统理论及环境风险发生过程。由图 1.2.1 可知，环境风险系统的 4 个环节和环境风险发生的 3 个过程的差异性，决定了环境风险的大小，因而环境风险区划就是依据所研究区域环境风险系统中的 4 个环节和 3 个过程的不同进行分区。

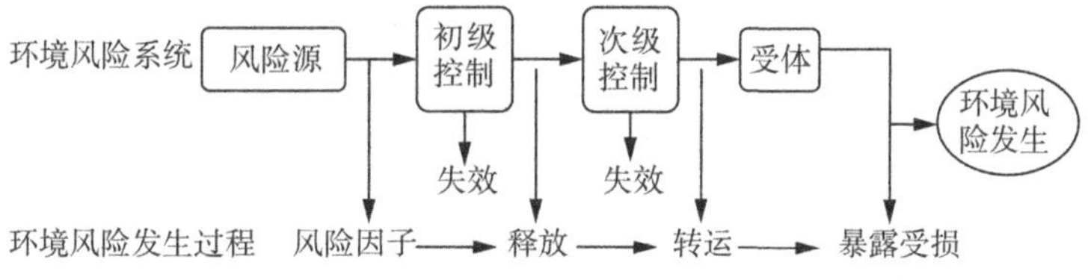


**图 1.2.1　环境风险系统及环境风险发生过程**

环境风险区划是区域环境风险相对大小的排序过程，是区域环境风险管理的主要手段之一。其目的在于客观地揭示区域内及区域之间的环境风险分布的相似性和差异性，并根据区域环境风险分布的规律，按照区域自然环境及社会环境的结构、功能及特点，划分成不同等级的地区，确定环境风险管理的优先顺序，实现环境风险分区管理，特别是为环境风险管理的地域分工、区域战略、区域措施的制定提供理论依据，为区域内的生产和生活活动的抉择提供充分的环境风险信息。本书旨在探讨区域环境风险区划的理论和方法。

### 1.2.1 风险源

以太湖流域为例，通过实地调研和文献调研，首先确定太湖流域水环境风险主要类型为突发性水环境污染和累积性水环境污染。在确定水环境污染事故类型的基础上，通过分析事故诱因，追溯造成事故的环境风险源，形成了太湖流域水环境风险识别的方法体系。

突发性水污染事件的原因包括安全生产事故、工业企业违法排污、交通运输事故导致的污染物泄露、水利设施调节不当以及自然灾害造成的次生环境污染等。累积性水污染事件的原因是水体中氮磷等营养物质的富集以及水温、风浪等自然因素。环境风险源是环境污染事件发生的源头。突发性水环境污染的风险源为太湖流域内高风险高污染的各类企业。对于累积性水环境污染，其污染物为氮、磷、无机盐等营养物质，其风险源为面源污染以及规模养殖场、污水处理厂等工业企业。由此，将太湖流域水环境风险事故类型以及各类水环境风险源识别出来。

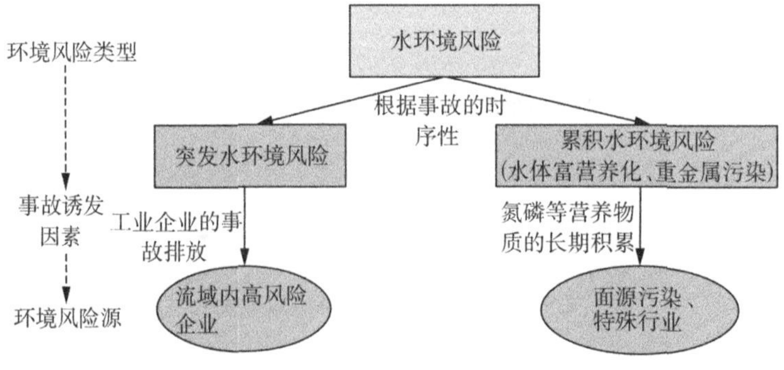


**图 1.2.2 水环境风险识别流程**

水环境风险识别流程(图 1.2.2)首先从环境风险类型入手,其事故类型有突发性环境污染事故与累积性环境污染事故,进而分析事故的诱发因素,主要是工业企业的事故排放与氮磷等营养物质的长期积累以及重金属物质、持久性有机污染物(POPs)等在水体中的长期富集,最后确定太湖流域中的环境风险源,包括流域内高风险企业、面源污染以及大型污水处理厂、垃圾填埋场、固废处理厂等特殊行业。

### 1.2.2　环境风险控制机制评估模型

评价环境风险控制机制效果,首先要寻找能够刻画控制效果的因素,故效果表征就是评价的第一步。环境风险控制机制效果表征即采用一系列有科学依据的指标来表示控制效果,这些指标主要依据风险控制措施来制定。以环境风险全过程管理为理论基础,建立一套较为客观且可操作的指标体系,制定评估指标应遵守科学性和可操作性原则,使风险管理效果评估工作能够全面、客观地反映出环境风险日常管理实施效果。

科学地确定风险控制机制有效性指标体系是量化控制有效性程度的一个最基本的前提。在确定指标体系的过程中,不仅要充分考虑到各个指标在测算中所具有的重要性,还要考虑在实际测算中指标的可获得性和可操作性,同时还要尽量避免指标间的相关性。

### 1.2.3　环境风险受体易损性概念模型

风险事故发生后,将会对可及范围内的环境风险受体造成不同程度的影响。该影响程度不仅与风险事故的强度相关,还取决于风险受体的易损性。环境风险受体易损性是环境风险受体在风险场中的暴露及其对风险的抵抗和恢复能力的综合度量。它既是反映受体可能遭受危害程度的指标,也是衡量受体抗性的重要指标(如有机体的解毒能力、生态系统的抗性、环境承载力和社会抗灾能力等)。易损性越高,则受体越容易受到危害;易损性越低则其抵抗风险的能力越强。环境风险受体的易损性受到自然、社会等多个方面因素的影响,主要包括灾害类型(灾种)及其与风险源的距离,资源、信息、知识和技术的缺乏,政治权力和代表性的有限性,社会资本的不足，信仰和生活习惯，住房状况，易损的和行动不便的人群，基础设施以及生命线的类型和密度等。而这些因素也成为评估环境风险受体易损性时需要考虑的指标。太湖流域区的环境风险受体主要包括流域范围内的人群、依赖水资源的各类经济产业及社会环境。受体本身性质的不同会导致其易损性的不同，进而影响环境风险事故对其所造成的危害程度。如经济实力越强的地区可能遭受的损失越大，其易损性越高；但同时经济实力也能反映一个系统或个体从灾害中恢复的能力，因此，从这个意义上说，经济实力越强的系统或个体，恢复力越强，易损性越低。

根据环境风险受体易损性的定义，首先要明确研究的主体——风险受体，以及客体——风险因子。由于只有暴露于环境风险中的受体才能受到损害，且受体易损性影响危害程度，因此将受体易损性分为"暴露性易损性"及"抵抗性易损性"，并建立环境风险受体的概念模型（见图 1.2.3）。暴露性易损性，即受体暴露在风险中的规模；评估这部分易损性，可以确定受体受到风险因子的胁迫强度，从而决定是否需要采取风险规避措施以保护受体，例如在规划建设中部分受体只需要增加空间距离便可以避开风险源的不利效应，而对于敏感受体，在风险事故发生时应针对性地采取应急救援措施。抵抗性易损性是在受体暴露后由其自身及周边环境所决定的易损性，反映了受体对风险的响应能力及抵抗能力的大小，受体对风险的预防抵抗能力越高，则易损性越小，因此增强环境风险受体抵抗风险的能力是降低该类型易损性、减少危害的关键，是从受体角度缓减风险事故后果的有效途径。

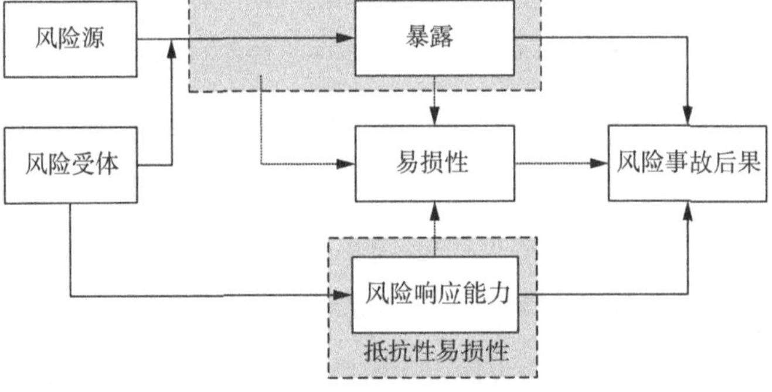


**图 1.2.3 环境风险受体易损性概念模型**

## 1.3 环境风险区划的基本原则

开展区域环境风险研究，特别是大尺度的区域环境风险分析和管理，首先应进行环境风险区划，在合理分区之后，再针对每个地区主要环境风险制定针对性的风险对策。进行环境风险区划的基本原则如下：

系统性原则：区域环境风险不是单一风险事件的简单加和，而是这些事件相互作用、相互联系而形成的一个整体。同时，区域环境风险的发生、分析和管理涉及自然、经济及社会多个系统。因此只有采取系统分析的手段，才能真正认识区域环境风险发生、发展和演化的规律。在系统分析的基础上，研究区域内各种风险的内在联系及综合效应，真正揭示区域之间及区域内环境风险分布的差异性和相似性。

一致性原则：区域之间及区域内部环境风险分布的一致性是风险区划的基础和依据。它可表现为环境风险性质和类型的一致性、环境风险源类型的一致性、环境风险转运空间的一致性、环境风险受体易损性及价值的一致性。环境风险区划就是根据区划指标的一致性与差异性进行分区。但必须注意这种特征的一致性是相对一致性。不同等级的区划单位各有一致性标准。为便于管理，风险区划时应尽可能保证风险区的界线与行政区界线一致，这样就可以保证风险管理计划制定和实施的可行性。基于一致性原则而得到的风险区划结果有利于环境风险管理计划的执行，在同一风险区内，可采纳相同或相似的风险管理对策，提高管理的针对性及有效性。

主导性原则：风险区划的一个重要任务就是为区域环境风险管理制定优先顺序，所以，只有危害较大、发生频率较高的风险事件才是决策者及公众关注的对象，它们也是风险管理的优先内容。事实上，正是这些风险事件反映了特定区域内环境风险的基本特征。因此必须先筛选出主导风险，再以它们为基础进行风险区划。具体地说，就是在风险区划之前，先确定用于区划的单一风险事件的最低限值（包括危害大小、发生概率和风险大小等多个方面）。

动态性原则：一方面，随着社会经济的发展，自然环境的变化，潜在环境风险源、风险转运空间及环境风险受体的时空特性及其他性质将发生一定的变化，即区域环境风险格局将有一定的改变;另一方面,人类的"风险观"会有所改变,对风险事件的判断标准也将发生变化,社会最大可接受风险水平和区域环境风险容量也会有所变化。因此,必须根据风险格局和风险容量的动态变化进行动态分析,实施动态风险区划,为区域环境风险动态管理提供依据。

# 第 2 章 环境风险区划的内容与方法

## 2.1 环境风险区划的等级与步骤

环境风险区划是区域风险系统划分的一种专门性区域系统研究方法。通过这种系统方法，依据前文章节原则，可根据空间尺度的大小和环境风险类型进行全球、全国、流域及地区性的环境风险区划，并可根据区域规模大小及复杂性进行不同等级层次的划分，一般可进行四级区划，即划分成高风险区、中风险区、低风险区、极低风险区。环境风险区划的步骤见图 2.1.1。

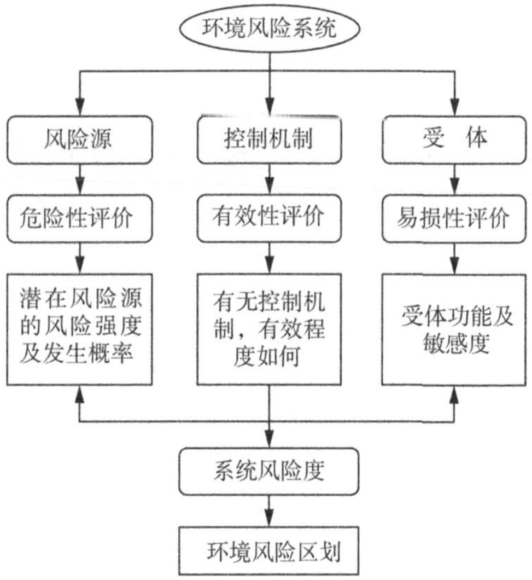


**图 2.1.1　环境风险区划步骤**

## 2.2 环境风险区划指标体系

在环境风险系统中，风险源的危险性、控制机制的有效性以及受体的易损性共同决定了环境风险的水平。风险源的危险性越高，其事故发生的频率以及事故可能造成的影响强度就越大。控制机制在风险源与风险受体之间形成一道“安全屏障”，能够降低风险源中的风险因子对受体的作用强度，从而起到保护受体的作用。控制机制可以分为初级控制机制与次级控制机制。初级控制机制是指风险源内部的监控以及管理措施，包括厂区内的视频监控、参数监控，企业环境风险管理水平以及风险事故应急水平等；次级控制机制是指流域层面上的风险管理，包括流域内的风险预警以及事故的应急管理与流域水质监控等内容。控制机制的有效性越高，其对风险因子的控制效果越好。风险受体的易损性越强，其对风险因子的承受力越小，在风险事件中的损失就越大。

区域环境风险综合指数是特定区域内环境风险的综合反映，而在环境风险系统中，风险源的危险性、控制机制的有效性、受体的易损性三者共同决定了系统的状态。基于此，分别构建风险源危险性指数、控制机制有效性指数、受体的易损性指数，这三个指数共同决定了区域的环境风险综合指数，每个指数下面包含若干与环境风险密切相关的社会、经济、管理等指标。上述指数共同构成了环境风险区划指标体系，其层次结构图如图 2.2.1 所示。

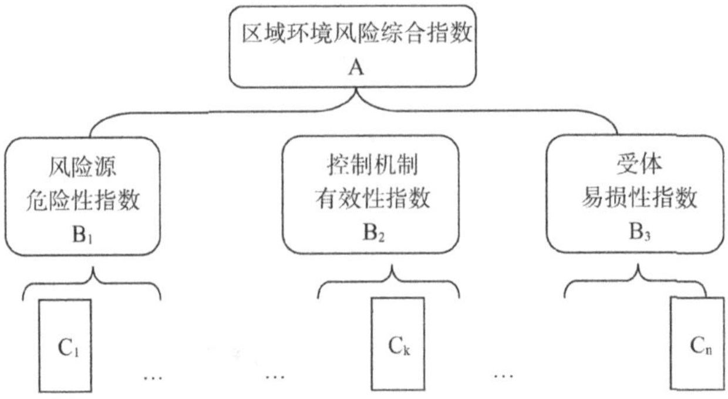


**图 2.2.1 环境风险区划指标体系的层次结构**

流域水环境风险是在风险场的复合作用机制下形成的，流域水环境风险场包括风险源、环境风险控制机制、风险受体三个因素。从风险源的危险性、控制机制的有效性以及风险受体的易损性三个方面入手构建太湖流域水环境风险评估指标体系。

在太湖流域的环境风险区划工作中，应当根据具体的环境风险区划原则和方法，选取能反映该流域内环境风险相似性或差异性的指标体系；在不同层次环境风险区划中，由于具体的风险区划原则和方法的差异，指标的选取也不同，必须根据具体的情况而定。根据太湖流域的实际情况，针对本书的研究需要，在上述指标体系的基础上，拟对太湖流域水环境风险评估指标体系采取以下细分。

## 2.2.1　风险源指标体系

### 2.2.1.1　环境风险源指标体系

在风险类型确定的基础上，通过对突发水环境风险和累积水环境风险进行分析，完成对各类水环境风险源的识别。根据对太湖流域中的水环境风险源的识别结果，太湖流域水环境风险源可以分为面源污染、点源污染（流域内高风险企业）以及大型污水处理厂、垃圾填埋场、固废处理厂等特殊行业三个方面。针对面源污染、点源污染和特殊行业分别进行风险因子解析，形成如表 2.2.1 所示的风险源指标体系。

**表 2.2.1　风险源指标体系**

| | | |
|---|---|---|
| 风险源 | 面源 | 农药使用强度 |
| | | 人均日生活用水量 |
| | | 化肥施用强度(折纯) |
| | | 非点源磷指数 |
| | | 农田畜禽粪便风险度 |
| | | 重金属潜在生态危害指数 |

续表

| | | |
|---|---|---|
| 风险源 | 点源 | 企业行业类别 |
| | | 危险物质风险度 |
| | | 生产工艺风险度 |
| | | 设备设施风险度 |
| | | 污水排放量 |
| | | 污水水质复杂程度 |
| | 特殊行业 | 污水处理厂风险度 |

### 2.2.1.2 风险源主要指标解释

1. 非点源磷指数

磷指数(Phosphorus Index，PI)评价法是一种结合 GIS、适应农田尺度的磷流失潜在风险评价的方法。影响磷流失的因子包括土壤侵蚀、地表径流、土壤磷含量、化肥和有机肥的施用量及施用方法等。首先将影响磷流失的各因子根据其对磷流失的贡献大小赋予相应的权重，并将各因子划分为若干等级，每一级别赋予相应的等级分值，反映该因子不同的取值对磷流失风险的影响大小。将各因子对应的等级级别分值与权重相乘再相加得到磷指数。计算公式为：

$$PI = \sum(\text{磷流失影响因子等级分值} \times \text{权重}) \tag{2-1}$$

参照宋月君等人的研究，磷流失各影响因子计算如下：

1）降雨侵蚀因子

降雨量是影响磷流失的主要因子之一。采用联合国粮农组织推荐、由 Lemunyon 等提出的直接利用年平均降雨量和多年月平均降雨量推求年降雨侵蚀因子 $R$ 值的经验计算公式如下：

$$R = \sum_{i=1}^{12} 1.735 \times 10^{(1.5\lg P_i^2/P - 0.8188)} \tag{2-2}$$

式中：$P_i$ 为某水文年内第 $i$ 月多年平均月降雨量，mm；$P$ 为平均降雨量，mm。

2）土壤侵蚀因子

通常土壤侵蚀的强弱决定了附着于土壤颗粒上的养分元素磷流失的强弱，其可以作为农田中土壤养分元素磷流失强弱的一个指示值。根据各土壤类型的土壤机械组成和有机质含量，参考土壤可蚀性诺谟图得到各类土壤的可侵蚀因子 $K$ 值。

3）地形因子

地形因子 $LS$ 主要由坡长和坡度确定，其中坡度是形成土壤侵蚀的根本原因，对侵蚀强度的影响也非常大。一般来说，地形的坡度越大，侵蚀的可能性也越大。此外采用由 W. H. 维希迈尔和 D. D. 史密斯提出的在中国应用得较多的计算公式：

$$LS = \left(\frac{L}{22}\right)^{0.3} \left(\frac{\theta}{5.16}\right)^{13} \tag{2-3}$$

式中：$L$ 为坡长，m；$\theta$ 为坡度，°。

4）单位耕地面积磷盈余量因子

养分的总输入量与总输出量之比表示养分的盈余程度，盈余程度越大，环境风险也就越大。单位耕地面积上的磷盈余量 $P_a$ 用下式表示：

$$P_a = \frac{BAL}{A_a} \tag{2-4}$$

式中：$P_a$ 为单位面积磷盈余量，t/hm²；$BAL$ 为总磷盈余量，t；$A_a$ 为耕地面积，hm²。

5）输移距离因子

运用 ArcGIS 软件进行河流与相关土地利用类型之间距离的计算，得到农用地各点到河流的距离，即输移因子 $D$。

将影响磷污染环境风险的五个因子分为无、低、中、高和极高五个等级，参照磷指数评价法给每一级别赋予相应的等级分值，从低到高相应等级分值分别为 0、1、2、4、8，不同的取值反映该因子对磷流失风险的影响大小，等级分值越高对环境风险影响越大。最后得到的评价体系如表 2.2.2 所示。

**表 2.2.2　磷流失风险指数评价指标体系**

| 评价因子 | 磷流失强度评价（等级级别分值） | | | | |
|---|---|---|---|---|---|
| | 无(0) | 低(1) | 中(2) | 高(4) | 极高(8) |
| 降雨侵蚀因子 $R$(1) | ＜40 | 40～100 | 100～150 | 150～300 | ＞300 |
| 土壤侵蚀因子 $K$(1) | ＜0.1 | 0.1～0.2 | 0.2～0.3 | 0.3～0.4 | ＞0.4 |

**续表**

| 评价因子 | 磷流失强度评价(等级级别分值) | | | | |
|---|---|---|---|---|---|
| | 无(0) | 低(1) | 中(2) | 高(4) | 极高(8) |
| 地形侵蚀因子 $LS$(1) | <1 | 1~5 | 5~10 | 10~20 | >20 |
| 单位耕地磷盈余量因子 $P_a$(1.5)($t/hm^2$) | <0 | 0~0.05 | 0.05~0.1 | 0.1~0.15 | >0.15 |
| 输移距离因子 $D$(1.5)(km) | >66 | 38~66 | 23~38 | 8~23 | <8 |

通过公式计算可得到农用地磷流失风险指数 $PI$,利用自然间隔分类法,进行磷流失风险指数分级,反映不同地区磷流失风险大小,共分为低、中等、高和很高四个等级,分级结果见表 2.2.3。

**表 2.2.3　磷流失风险值等级划分**

| $PI$ | 磷流失风险等级 |
|---|---|
| 1~13 | 低 |
| 13~20 | 中等 |
| 20~27 | 高 |
| >27 | 很高 |

2. 农田畜禽粪便污染风险度

农田畜禽粪便污染风险度可间接衡量当地畜禽饲养密度及畜禽养殖布局的合理性。由于各类畜禽粪便的肥效养分差异较大,因此需要将不同畜禽粪便产生量统一换算成猪粪当量加以分析。计算公式如下:

$$q=\frac{\sum(Q\times P\times r)\times T}{S} \tag{2-5}$$

式中:$q$ 为农田畜禽粪便污染风险度,$t/(hm^2 \cdot 年)$;$Q$ 为某种畜禽的饲养数量,头或只;$P$ 为该种畜禽的饲养周期,d;$r$ 为该种畜禽的排泄系数,kg/(头·d);$T$ 为各类畜禽粪便换算成猪粪当量的换算系数;$S$ 为研究区域有效耕地面积,$hm^2$。

参照国内现有畜禽粪便负荷研究,农田畜禽粪便污染风险度 $L$ 可通过畜禽粪便负荷 $q$ 与畜禽粪便最大负荷量 $q_{max}$ 的比值得到,即

$$L=\frac{q}{q_{max}} \tag{2-6}$$

畜禽粪便最大负荷量，是指单位种植面积内作物所需畜禽粪便最大量，反映了各地区对各种畜禽粪便营养物的吸收消纳能力，由研究区域的农作物种植结构、数量、高产水平、复种指数以及化学氮肥使用比例等因素计算得到。在一般条件和合理施用的情况下，当畜禽粪便负荷量为当地畜禽粪便有机肥最大可施用量 0.4 倍以下时，该地区畜禽粪便可完全被农田环境所消纳和承受，对环境不构成污染威胁。以江苏省化肥适宜用量作为参考，一般为225 $kg/hm^2$纯氮，换算成猪粪当量，则最大施用量以 45 t 为宜。因此，畜禽粪便农田负荷量为 18 $t/hm^2$（0.4×45 $t/hm^2$）。本书将18 $t/hm^2$作为畜禽粪便最大负荷量，并将 $L$ 划分为≤0.4、0.4～0.6、0.6～0.8、>0.8四个等级。

### 3. 重金属潜在生态危害指数

重金属潜在生态危害指数法是由瑞典科学家 Hakanson 提出的评价水系沉积物中重金属的潜在生态风险的方法，是一种相对快速、简便和标准的方法。该方法通过测定水系沉积物中主要重金属的含量，计算污染系数及生态风险指数。计算公式如下：

$$C_f^i = \frac{C^i}{C_n^i} \tag{2-7}$$

$$E_r^i = T_r^i \times C_f^i \tag{2-8}$$

$$RI = \sum_{i=1}^{m} E_r^i = \sum_{i=1}^{m} T_r^i \times C_r^i = \sum_{i=1}^{m} T_r^i \times \frac{C^i}{C_n^i} \tag{2-9}$$

式中：$RI$ 为多种重金属的潜在生态风险指数；$E_r^i$为第 $i$ 种重金属的潜在生态风险指数；$C_f^i$为第 $i$ 种重金属的污染系数；$C_i$为样品中第 $i$ 种重金属质量分数的实测值，mg/kg；$C_n^i$为第 $i$ 种重金属的质量分数背景值，mg/kg，由于沉积物质量评价的置信度主要是准确参考值比较的函数，为反映不同区域的差异性，避免大尺度平均参考值的偏差，以太湖流域土壤中重金属含量的自然本底值作为参比值进行评价，背景值详见表 2.2.4；$T_r^i$ 为第 $i$ 种重金属的毒性响应参数，详见表 2.2.4，主要反应重金属的毒性水平和生物对重金属污染的敏感程度。本书的 $E_r^i$和 $RI$ 值范围及其对应的生态风险程度见表 2.2.5。

**表 2.2.4 重金属元素含量背景参考值和毒性响应参数**

| 元素 | Pb | Cd | Cu | Zn | Cr | Ni |
|---|---|---|---|---|---|---|
| 含量(mg/kg) | 15.70 | 701.99 | 15.40 | 65.10 | 71.80 | 19.80 |
| 毒性响应参数 | 30 | 5 | 5 | 5 | 2 | 1 |

**表 2.2.5 重金属潜在生态风险系数 $E_r^i$、潜在生态风险指数 $RI$ 与生态风险程度的关系**

| $E_r^i$ | $RI$ | 生态风险程度 |
|---|---|---|
| $E_r^i<40$ | $RI<55$ | 轻微 |
| $40\leqslant E_r^i<80$ | $55\leqslant RI<110$ | 中等 |
| $80\leqslant E_r^i<160$ | $110\leqslant RI<220$ | 强 |
| $E_r^i\geqslant 160$ | $RI\geqslant 220$ | 很强 |

4. 危险物质风险度

危险物质是指一种物质或若干种物质的混合物，由于其化学、物理或毒性特性，使其具有易导致火灾、爆炸或中毒的危险性。本指标中所指危险物质是指厂区（包括储存区、生产区和污染物处理工段）内各类危险物质，包括危险化学品、危险废物、剧毒化学品、危险货物等。

危险物质风险度 $M$ 与危险物质的理化性质及系统内存量有关，参照《危险化学品重大危险源辨识》(GB 18218—2018)将危险物质系统内存量与该单元临界量的比值定义为存量折算系数，以理化性质和存量折算系数的乘积表征危险物质风险度 $M$，如下式所示：

$$M=\frac{\sum_{j=1}^{3}\left(R_j\times\sum_{i=1}^{n_j}\frac{m_{ji}}{m_{ji}^{0}}\right)}{\sum_{j=1}^{3}(n_j\times R_j)}\times 100 \tag{2-10}$$

式中：$M$ 为危险物质风险度，无量纲；$j$ 为危险物质理化性质，包括易燃性、毒性、反应性；$n_j$ 为各类危险物质种数；$R_j$ 为各类物质的环境风险权重系数，$R_1$、$R_2$、$R_3$ 分别为易燃易爆指数、毒性危害指数、反应性指数，对应取值为 0.7、1.0、0.4；$m_{ji}$、$m_{ji}^0$ 为各类物质的实际保有量和临界量，其中，废水单位为 g/ml，其他危险物质单位为 kg；危险化学品临界量取值参照《危险化学品重大危险源辨识》(GB 18218—2018)储存区、生产区临界量划分标准。根据我国《剧毒化学品购买和公路运输许可证件管理办法》(公安部令第77号),确定剧毒化学品、危险货物临界量为5 t。

存量折算系数分为四级,分级标准为>1、(0.7,1]、(0.4,0.7]、≤0.4,将所有危险物质存量折算系数均达到各级分级标准时的风险度$M$定为危险物质风险度分级标准,由式2-8计算得到$M$的分级标准为>100、(70,100]、(40,70]、≤40。

5. 生产工艺风险度

生产工艺风险度$P$由反应类型、反应温度、反应压力表征,计算公式如下:

$$P = \frac{\sum_{i=1}^{n}(t \times T_g \times P_t)}{n} \times 100 \tag{2-11}$$

式中:$P$为生产工艺风险度,无量纲;$n$为企业生产线条数;$t$为反应类型折算系数,将生产过程的反应分为化学反应和物理反应两大类,其中,化学反应又分为剧烈化学反应和一般化学反应(参照重大危险源申报登记制度将氧化反应、还原反应、硝化反应、电解反应、聚合反应、催化反应、裂化反应、氯化反应、重氮化反应、烷基化反应、磺化反应归为剧烈化学反应),分别赋值为1.0、0.6,蒸馏、破碎等物理反应赋值为0.8;$T_g$为反应釜温度折算系数,无量纲,根据设备危险辨识标准将反应釜温度$x$(℃)分为$x \leqslant -20$或$x \geqslant 450$、$-20 < x \leqslant 20$、$20 < x \leqslant 25$、$25 < x < 450$四个区间,每个区间的$T_g$值分别为1.0、0.6、0.2、0.6;$P_t$为反应釜压力折算系数,无量纲,根据设备危险辨识标准将反应釜压力$p$分为$p \leqslant 1.6$ MPa、1.6 MPa$< p \leqslant 10$ MPa、$p > 10$ MPa三个区间,每个区间$P_t$分别赋值为0.2、0.6、1.0。

根据反应类型、反应温度和反应压力的分级标准,选定生产工艺风险度$P$的分级标准为>60、(30,60]、(10,30]、≤10。

6. 设备设施风险度

企业的风险设备设施风险度$E$与设备的固有风险程度、设计危险度(各类防护措施的安装)、设备折旧系数、设备故障率等指标成正比,与设备维护频次成反比,计算公式如下:

$$E = r_1 \times E_k + r_2 \times E_g$$

$$= 0.3 \times \sum_{i=1}^{n_1}\left(\frac{C \times y \times F}{S}\right) \times \frac{100}{n_1} + 0.7 \times \sum_{i=1}^{n_2}\left(\frac{C \times y \times F \times T \times P}{S}\right) \times \frac{100}{n_2} \quad (2\text{-}12)$$

式中：$E$ 为设备设施的风险度，无量纲，取值范围为(0,100]，由危险品库房风险 $E_k$ 和危险品储罐风险 $E_g$ 表征；$r_1$、$r_2$ 分别为根据设备发生故障概率计算的危险品库房、危险品贮罐风险系数，其中，$r_1=0.3$，$r_2=0.7$；$n_1$、$n_2$ 为危险品库房、危险品贮罐个数；$C$ 为设备设施设计风险系数，根据能不能够出示安全审核证书分别赋值 0.2、1；$y$ 为设备设施折旧系数，将使用时间分为 0～1 年、1～5 年、5～10 年、10～15 年以及 15 年以上等 5 个区间，每个区间 $y$ 分别赋值为 0.33、0.17、0.33、0.67、1；$F$ 为设备设施年故障率折算系数，采用专家打分法将设备年故障次数分为<1、1～3、3～5 和>5 四个区间，每个区间 $F$ 分别赋值为 0.25、0.5、0.75、1.0；$T$、$P$ 的折算方法同生产工艺风险度；$S$ 为设备设施的年维护频次折算系数，采用专家打分法将年维护频次划分为<1、1～3、3～5 和>5 四个区间，每个区间 $S$ 分别赋值为0.25、0.5、0.75、1.0。

根据设备固有风险度、设计危险度、设备折旧系数和设备故障率的分级标准，选定设备设施风险度 $E$ 的分级标准为>70、(40,70]、(10,40]、≤10。

7. 污水处理厂风险度

污水处理厂风险度($W$)与污水处理厂的处理规模($G$)、处理工艺($T$)、出水水质($A$)、流域内污水处理厂的数量($N$)有关，计算公式如下：

$$W = \sum_{i=1}^{N} G \times T \times A \times 1\,000 \quad (2\text{-}13)$$

参考《城市污水处理工程项目建设标准》(建标 198—2022)中对于建设规模类别的规定，将处理规模 $G$ 分为如下四类：Ⅰ类为 20 万～50 万 $m^3/d$，Ⅱ类为 10 万～20 万 $m^3/d$，Ⅲ类为 5 万～10 万 $m^3/d$，Ⅳ类为 1 万～5 万 $m^3/d$，分别赋值 0.25、0.5、0.75、1；处理工艺包括 UCT 工艺、$A^2/O$ 工艺、氧化沟及其改良工艺、SBR 工艺及其改良工艺，根据对氮磷的去除效果，分别对每种处理工艺($T$)赋值为 0.2、0.4、0.6、0.8；根据《太湖地区城镇污水处理厂及重点工业行业主要水污染物排放限值》(DB 32/1072—2018)以及《城镇污水处理厂污染物排放标准》(GB 18918－2002)的规定，太湖地区城镇污水处理厂主要污染物排放限值如表2.2.6所示，对出水水质(A)达到Ⅰ级标准的赋值0.1，达到Ⅱ级的赋值0.6，未达标的赋值1。根据各因子分级标准制定污水处理厂风险度 $W$ 分级标准为Ⅰ级300～800、Ⅱ级100～300、Ⅲ级20～100、Ⅳ级4～20。

**表2.2.6　太湖地区城镇污水处理厂主要污染物排放限值**

| 标准级别 | 化学需氧量(COD) | 氨氮 | 总氮 | 总磷 |
|---|---|---|---|---|
| Ⅰ(mg/L) | 50 | 5(8*) | 15 | 0.5(1#) |
| Ⅱ(mg/L) | 60 | 8(15*) | 20 | 1(1.5#) |

注：*括号外数值为水温>12℃时的控制指标，括号内数值为水温≤12℃时的控制指标；#括号内数值为2006年1月1日前建设的污水处理厂控制指标

综合上述指标，得到太湖流域风险源评估指标体系，如表2.2.7所示。

**表2.2.7　太湖流域风险源评估指标体系**

| 系统层 | 变量层 | | | | |
|---|---|---|---|---|---|
| | 指标 | Ⅰ级 | Ⅱ级 | Ⅲ级 | Ⅳ级 |
| A面源 | A1：农药使用强度(kg/hm²) | >20 | 10～20 | 3～10 | <3 |
| | A2：人均日生活用水量[L/(人·d)] | >300 | 240～300 | 200～240 | <200 |
| | A3：化肥施用强度(折纯)(kg/hm²) | >364 | 225～364 | 120～225 | <120 |
| | A4：非点源磷指数 | >27 | 20～27 | 13～20 | <13 |
| | A5农田畜禽粪便风险度 | <0.4 | 0.4～0.6 | 0.6～0.8 | >0.8 |
| | A6：重金属潜在生态危害指数 | ≥220 | 110～220 | 50～110 | <50 |
| B高风险企业 | B1：企业行业类别 | 化工、石化 | 电镀、医药工业、有色金属冶炼 | 机械制造、危险品贮存、建筑施工、交通运输 | 其他 |
| | B2：危险物质风险度 | >100 | (70,100] | (40,70] | ≤40 |
| | B3：生产工艺风险度 | >60 | (30,60] | (10,30] | ≤10 |
| | B4：设备设施风险度 | >70 | (40,70] | (10,40] | ≤10 |
| | B5：污水排放量(m³/d) | >2 000 | (1 000,2 000] | (200,1 000] | ≤200 |
| | B6：污水水质复杂程度 | 复杂 | 中等 | 简单 | 不排放废水 |
| C特殊行业 | C1：污水处理厂风险度 | 300～800 | 100～300 | 20～100 | 4～20 |
| 分值 | | 4 | 3 | 2 | 1 |

### 2.2.2 控制机制指标体系

环境风险控制机制是依据环境风险评估的分析结果，由环境管理机构、企事业单位和环境科研机构运用各种先进的管理工具，考虑到环境的种种不确定性，提出供决策的方案，力求以较少的环境成本获得较多的安全保障。环境风险控制机制需要在应用中不断改进、完善，为了判断风险控制机制是否达到风险控制的要求，要进行环境风险控制机制的有效性评价。

环境风险控制机制的评价涉及生产、管理、服务、活动等过程，评价内容包括：风险控制措施是否充分、有效；是否将风险降到可接受水平，在落实控制措施中是否产生新的危险源；是否需要补充完善控制措施，风险控制措施是否已被用于实际工作中，在面对诸如完成工作的压力等情况下是否被忽视。在此基础上，进一步对环境风险控制机制进行分析评价，修订完善控制程序、应急预案的依据，并采取措施消减风险，将风险控制在可以接受的程度，达到预防事故、确保环境安全的目的。

目前，国际上对于控制机制的有效性评价采用定性分析和定量分析两种方式。定性分析主要是通过对管理工作人员进行问卷调查，通过他们的打分来确定管理的有效性。定量分析主要是根据监测数据，通过数学经济模型来分析管理的有效性。

根据太湖流域内不同功能区的分布特点，本书将采用定量分析与定性分析结合的方法，通过建立评价指标体系，运用效果评价模型来对控制机制的有效性进行表征、量化、分级和评估。

#### 2.2.2.1 环境风险控制机制指标体系

环境风险控制机制指标体系是对初级控制和次级控制的效果分别进行评价，指标体系分为三个层次：第一个层次为初级控制机制和次级控制机制；第二个层次为指标体系的细化；第三层次在指标细化的基础上，对各项细化指标进行罗列，见表 2.2.8。

**表 2.2.8　控制机制指标体系**

| | | | |
|---|---|---|---|
| 控制机制 | 初级控制机制 | 流域管理制度 | 1. 开发区管理制度<br>2. 区域管理体制设置<br>3. 安全培训教育制度<br>4. 拥有安全资格证书的管理人员占管理人员总数的比率<br>5. 危险警示标志标准化程度 |
| | | 应急预防系统 | 1. 应急预案的建立和完备程度<br>2. 应急演练频次<br>3. 应急救援装备与器材准备齐全程度<br>4. 环境安全预警支持系统 |
| | | 污水处理系统 | 1. 工业废水达标排放率<br>2. 工业用水循环利用率<br>3. 城镇生活污水处理率 |
| | | 监控断面情况 | 1. 监控断面设施<br>2. 监控断面指标 |
| | 次级控制机制 | 受纳水体情况 | 1. 受纳水体水质达标率<br>2. 废水排放总量<br>3. 水污染事故数<br>4. 化学需氧量排放总量<br>5. 受纳水体水污染物质的标准指数 |

### 2.2.2.2　环境风险控制机制指标量化分级

1. 流域管理制度

1）开发区管理制度

流域周边开发区的管理制度的有效性将影响开发区风险源的释放程度，进而影响流域的环境生态安全，所以将开发区的管理制度作为一个评价指标，判定级别分别为“通过 ISO 14000 论证，有完善的安全管理制度”“有完善的安全管理制度”“有初步的安全管理制度”“无安全管理制度”。

2）区域管理体制设置

环境风险日常管理需要在一个合理有效的管理机制下才能良好运行，要做到分级管理、问责制度、权责分明。评价该指标需要进行实地考察，可以通过问卷调查的形式对员工进行采访来判定管理模式是否合理，判定级别分别为“管理机制设置合理”“具备管理机制，但是运行不善”“管理不成体系”“无管理体系”。

3）安全培训教育制度

在日常风险控制中，培训教育是不可或缺的一部分，很多大型的风险事故是由于操作人员风险意识淡薄导致疏忽而酿成的。企业应树立终身教育的观念和全员培训的目标，对在岗人员进行经常性安全培训与环境风险教育。

企业应严格执行安全培训教育制度，依据国家、地方及行业规定和岗位需要，制定适宜的安全培训教育目标和要求。根据不断变化的实际情况和培训目标，定期识别安全培训教育需求，制定并实施安全培训教育计划，建立从业人员安全培训教育档案。该指标的评价主要分为四个等级："有不断优化的安全培训教育制度""有合格的安全培训教育制度""安全培训教育制度不完善""无安全培训教育制度"。

4）拥有安全资格证书的管理人员情况

企业主要负责人和安全生产管理人员应接受专门的安全培训教育，由安全生产监管部门对其进行安全生产知识和管理能力考核，合格后取得安全资格证书，并按规定参加每年再培训。企业其他管理人员，包括管理部门负责人、基层单位负责人以及专业工程技术人员的安全培训教育由企业相关部门组织，经考核合格后方可任职。该指标的评价等级主要分为"有独立的安全管理部门且有完善的管理制度""有独立的安全管理部门""有安全管理人员但无独立的安全管理部门""无安全管理人员"。

5）危险警示标志标准化程度

企业应按照《安全标志及其使用导则》(GB 2894—2008)的规定，在易燃、易爆、有毒有害等危险场所的醒目位置设置符合要求的安全警示标志。企业应按有关规定，在厂内道路设置限速、限高、禁行等标志。企业应在检维修、施工、吊装等作业现场设置警戒区域和安全标志，在检修现场的坑、井、洼、沟、陡坡等场所设置围栏和警示灯。企业应在可能产生严重职业危害作业岗位的醒目位置，按照《工作场所职业病危害警示标识》(GBZ 158—2003)的规定设置职业危害警示标识，同时设置告知牌，告知产生职业危害的种类、后果、预防及应急救治措施、作业场所职业危害因素检测结果等。企业应按有关规定在生产区域设置风向标。根据上述考核内容对企业的危险警示标志标准化程度进行考核，评判等级分为"危险警示标志设置标准"

"危险警示标志设置部分不标准""危险警示标志设置部分缺失""无危险警示标志"。

2. 应急预防系统

1）应急预案的建立和完备程度

企业应建立并执行应急准备程序和应急预案，用于识别和控制潜在的安全事故或紧急情况，以便预防和减少可能随之产生的伤害和影响。企业应按照《生产经营单位生产安全事故应急预案编制导则》（GB/T 29639—2020）的规定，根据风险评价的结果，针对潜在事故和突发事件，制定相应的事故应急救援预案。企业应定期评审应急救援预案，尤其在潜在事故和突发事件发生后。企业应将应急救援预案报当地安全生产监督管理部门和有关主管部门备案，并通报当地应急协作单位，建立应急联动机制。该指标评价主要分为四个等级："完善""较完善""有""无"。

2）应急演练频次

企业应组织从业人员进行应急救援预案的培训，定期演练，评价演练效果，评价应急救援预案的充分性和有效性，并形成记录。该指标评价主要分为四个等级："定期演练，并形成记录""定期演练""不定期演练""无演练"。

3）应急救援装备与器材准备齐全程度

企业应按国家有关规定，配备足够的应急救援器材，并保持完好。为有毒有害岗位配备救援器材柜，放置必要的防护救护器材，进行经常性的维护保养并记录，保证其处于完好状态。建立应急通讯网络，保证应急通讯网络的畅通。该指标评价等级分为"齐全且性能良好""较齐全""不齐全""无"。

4）环境安全预警支持系统

环境安全预警支持系统是为风险管理者、公众及当事者提供警戒、警报及应急信息的重要工具。风险预警系统至少包含两个部分：预警信息的生成和预警信息的发布。该指标评价等级分为"有联动环境安全预警支持系统""有较完善的环境安全预警支持系统""有较简单的环境安全预警支持系统""无环境安全预警支持系统"。

3. 污水处理系统

1）工业废水达标排放率

工业废水达标排放率是指工业废水达标排放占工业废水排放总量的百分比。

工业废水排放量大,约占城镇污水排放量的70%,且工业企业生产过程中排出的废水常含有汞、镉、六价铬、挥发酚等有毒有害物质,如果排放到河流中的废水水质不达标将会严重污染下游居民的饮用水源。工业废水排放达标率的国际标准为100%。将该指标评价分为四个等级:100%、(95%,100%)、(90%,95%]、≤90%。

2)工业用水循环利用率

工业用水循环利用率是指工业重复用水量占工业用水总量的百分比。工业用水重复利用率是衡量水资源利用是否合理的重要指标。将其分为四个等级:≥75%、(65%,75%)、(60%,65%]、≤60%。

3) 城镇生活污水处理率

城镇生活污水处理率是指城镇经过污水处理厂处理且达到排放标准的生活污水量与城镇生活污水排放总量的百分比。城镇生活污水产生量在城镇污水产生量中占有较大比重,而大量未经处理的生活污水排入江河湖泊是造成其严重污染的原因。城镇生活污水处理率越高,则进入水体的污染物质越少,水环境就越安全。该指标评价分为四个等级:≥90%、(80%,90%)、(70%,80%]、≤70%。

4. 监控断面情况

1)监控断面设施

分为四个等级:"自动在线监测与人工例行监测相结合""自动在线监测""人工例行监测""无"。

2) 监控断面指标

分为四个等级:"常规指标及特征指标例行监测""自动监测常规指标""人工监测常规指标""无"。

5. 受纳水体情况

1) 受纳水体水质达标率

受纳水体水质达标率是指地表水认证断面监测结果按相应水体功能标准衡量,不同水环境功能水质达标率的平均值。水域功能区水质达标率是考核该地区地表水水质状况的重要指标,是考核不同水域水质是否满足使用要求的重要指标。将受纳水体水质达标率分为四个等级:≥85%、(80%,85%)、(75%,80%]、≤75%。

2）废水排放总量

废水排放总量是指在生产和生活过程中经过使用、已经丧失了原来的使用价值而被废弃的水，包括生产废水、医疗废水和生活废水。废水排放量越大，环境的污染越严重。由于采取了废水排放总量控制措施，目前流域废水排放总量没有较大的起伏。据环境统计结果，随着工业用水循环利用率的提高和政府相关部门采取的监管措施，流域废水排放总量不会有明显的增加。将该指标分为四个等级：排放量有20%以上的减少、废水量无明显减少、废水量有小幅增加、废水量有明显增加。

3）水污染事故数

在某地区发生的水污染事故越多，说明该地区的水环境存在很大的潜在危险。太湖地区工业发达，工业企业大部分都是沿湖分布，工业废水排放达标率未达到100%，再加上沿湖的生活污水也有未经处理直接排入湖中的现象，因此各段支流均出现不同程度的富营养状况，爆发过多次不同程度的富营养化现象。据相关统计，江苏太湖地区2008年、2009年和2010年发生蓝藻事故数分别为108次、100次和78次。水污染事故数发生次数越少，说明该地区的水环境相对安全。本书选择发生事故数最少的一年为参考，将评价标准分为四个等级：≤50次/年、(50,65]、(65,78)、≥78次/年。

4）化学需氧量排放总量减排量

化学需氧量是表征水体中有机物含量的特征值，排放量越大，水体中有机物含量越高，在一定程度上反映水体受污染的程度。“十四五”规划中要求到2025年化学需氧量在“十三五”规划的基础上减排8%以上。该指标分为三个评价等级：≥15%,(10%,15%)、(8%,10%]、≤8%。

5）受纳水体水污染物质的标准指数

$j$ 监测点水污染物质的标准指数计算公式如下：

$$P_j = \frac{1}{n}\sum_{i=1}^{n}\frac{C_i}{C_{si}} \tag{2-14}$$

式中：$C_i$ 为各种评价因子的实测浓度；$C_{si}$ 为各种评价因子的最高允许标准浓度；$n$ 为评价因子的数目。

受纳水体水污染物质的标准指数如下式所示：

$$P = \frac{1}{m}\sum_{j=1}^{m} P_j \tag{2-15}$$

式中：$P_j$ 为各种监测断面的水污染物质标准指数；$m$ 为受纳水体的监测断面总数目；$P$ 为受纳水体水污染物质的标准指数。该指标评价标准分为四个等级：>0.7，(0.4,0.7]，(0.2,0.4]，≤0.2。

综上，形成控制机制的细化评价指标体系如表 2.2.9 所示。

**表 2.2.9 太湖流域环境风险区划指标体系**

| 系统层 | 变量层 | | | | | |
|---|---|---|---|---|---|---|
| | 指标 | | Ⅰ级 | Ⅱ级 | Ⅲ级 | Ⅳ级 |
| 初级控制机制 | 流域管理制度 | 开发区管理制度 | 无安全管理制度 | 有初步的安全管理制度 | 有完善的安全管理制度 | 通过 ISO 14000 论证，有完善的安全管理制度 |
| | | 区域管理体制设置 | 无管理体系 | 管理不成体系 | 具备管理机制，但是运行不善 | 管理机制设置合理 |
| | | 安全培训教育制度 | 无安全培训教育制度 | 安全培训教育制度不完善 | 有合格的安全培训教育制度 | 有不断优化的安全培训教育制度 |
| | | 拥有安全资格证书的管理人员情况 | 无安全管理人员 | 有安全管理人员但无独立的安全管理部门 | 有独立的安全管理部门 | 有独立的安全管理部门且有完善的管理制度 |
| 初级控制机制 | 应急预防系统 | 危险警示标志标准化程度 | 无危险警示标志 | 危险警示标志设置部分缺失 | 危险警示标志设置部分不标准 | 危险警示标志设置标准 |
| | | 应急预案的建立和完备程度 | 无 | 有 | 较完善 | 完善 |
| | | 应急演练频次 | 无演练 | 不定期演练 | 定期演练 | 定期演练，并形成记录 |
| | | 应急救援装备与器材准备齐全程度 | 无 | 不齐全 | 较齐全 | 齐全且性能良好 |
| | | 环境安全预警支持系统 | 无环境安全预警支持系统 | 有较简单的环境安全预警支持系统 | 有较完善的环境安全预警支持系统 | 有联动环境安全预警支持系统 |

**续表**

<table>
<tr><td rowspan="2">系统层</td><td colspan="6">变量层</td></tr>
<tr><td colspan="2">指标</td><td>Ⅰ级</td><td>Ⅱ级</td><td>Ⅲ级</td><td>Ⅳ级</td></tr>
<tr><td rowspan="3">初级控制机制</td><td rowspan="3">污水处理系统</td><td>工业废水达标排放率</td><td>≤90%</td><td>(90%,95%]</td><td>(95%,100%)</td><td>100%</td></tr>
<tr><td>工业用水循环利用率</td><td>≤60%</td><td>(60%,65%]</td><td>(65%,75%)</td><td>≥75%</td></tr>
<tr><td>城镇生活污水处理率</td><td>≤70%</td><td>(70%,80%]</td><td>(80%,90%)</td><td>≥90%</td></tr>
<tr><td rowspan="7">次级控制机制</td><td rowspan="2">监控断面情况</td><td>监控设施</td><td>无</td><td>人工例行监测</td><td>自动在线监测</td><td>自动在线监测与人工例行监测相结合</td></tr>
<tr><td>监控指标</td><td>无</td><td>人工监测常规指标</td><td>自动监测常规指标</td><td>常规指标及特征指标例行监测</td></tr>
<tr><td rowspan="5">受纳水体情况</td><td>受纳水体水质达标率</td><td>≤75%</td><td>(75%,80%]</td><td>(80%,85%)</td><td>≥85%</td></tr>
<tr><td>废水排放总量</td><td>废水量有明显增加</td><td>废水量有小幅增加</td><td>废水量无明显减少</td><td>排放量有 20%以上的减少</td></tr>
<tr><td>水污染事故数(次/年)</td><td>≥78</td><td>(65,78]</td><td>(50,65)</td><td>≤50</td></tr>
<tr><td>化学需氧量排放总量减排量</td><td>≤8%</td><td>(8%,10%]</td><td>(10%,15%)</td><td>≥15%</td></tr>
<tr><td>受纳水体水污染物质的标准指数</td><td>>0.7</td><td>(0.4,0.7]</td><td>(0.2,0.4]</td><td>≤0.2</td></tr>
<tr><td colspan="3">分值</td><td>4</td><td>3</td><td>2</td><td>1</td></tr>
</table>

### 2.2.3 受体易损性指标体系

结合太湖流域现状，在环境风险受体易损性($V$)的实际评估中，暴露性易损性($V_e$)指环境风险受体暴露于风险中的规模大小，着重考虑受影响的依赖受污染饮用水的人口及直接依赖水资源的农业，评价指标包括人口暴露规模、渔业水产暴露规模、畜禽养殖暴露规模、农田灌溉暴露规模及生态功能规划区暴露规模。抵抗性易损性($V_r$)则侧重于环境风险受体暴露于灾害事件影响时的抵抗、处理和从中恢复的能力，分为自然易损性与社会易损性两方面。自然易损性包括流域(湖体)累积污染程度及流域(湖体)生态恢复能力;社会易损性考虑四个方面。社会环境方面的因素包括基础设施水平、社会经济水平、政策制度水平、受影响人口及社会背景因素,其中基础设施水平包括可替代水源、医疗卫生水平、应急物资供应能力,经济水平包括工业产值损失水平、市场价格变动水平、替代产品的供应水平等,政策制度包括流域水资源保护标准、污染事故应急预案,受影响人口包括敏感年龄人口比例与人口健康水平,社会背景因素主要考虑居民受教育水平及遭遇事故的经验水平。环境风险受体易损性评估的指标集如图 2.2.2 所示。

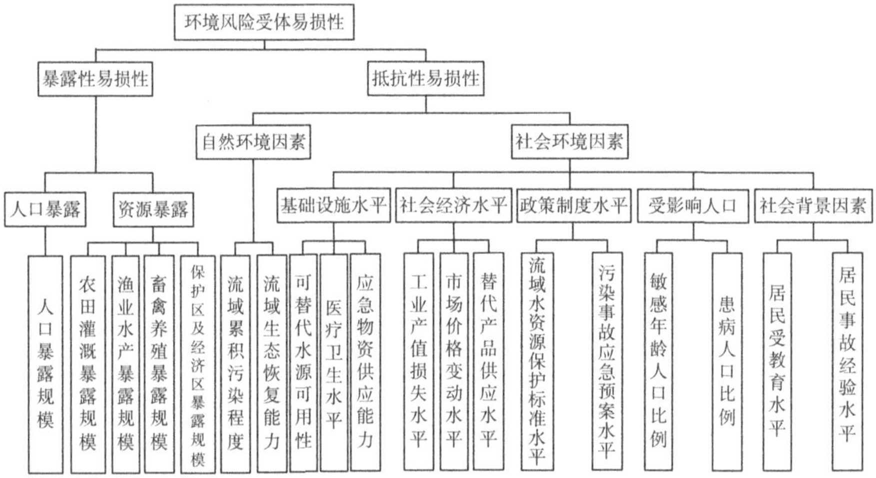


**图 2.2.2 环境风险受体易损性评估指标集**

经过暴露性易损性评估,可得出环境风险事故影响范围内依赖流域水资源的人口及农业的规模大小,从而结合风险事故分析得出该类风险受体暴露于危害中的难易程度,并排查出造成受体易暴露的原因,如与风险源空间距离较小等。对抵抗性易损性的评估可以得到流域范围内环境风险受体对风险事故危害的抵抗能力大小。而不同的环境由于其组成因素及功能区划不同,其风险受体的易损性存在差异。太湖流域广阔,在空间上被划分为不同的环境保护功能分区(见图 2.2.3),每个功能分区对湖水水质的要求及保护程度不一,且各分区周边社会环境因素不同,因此太湖流域的各个分区抵抗风险的能力也不同,其风险受体的抵抗性易损性不可同一而论,需要分别进行评估。经评估后可以对不同区域易损性的大小做出比较,得出易损性较高的分区,厘清造成易损性高的关键因素,为环境风险管理提供优先管理目标。

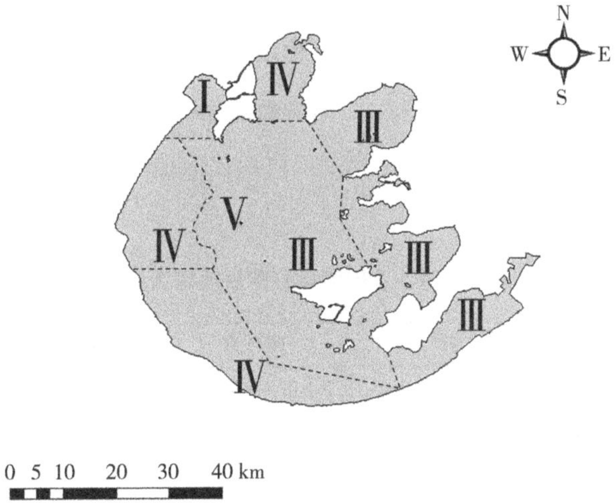


**图 2.2.3　太湖流域环境保护功能分区示意图**

### 2.2.3.1　环境风险受体易损性评估指标解释

环境风险受体易损性评估指标集中包含的指标较为全面,而在实际评估中由于受限于数据的可获得性及可操作性,需挑选关键指标进行评价。

1. 暴露性易损性指标

1) 人口暴露规模

指流域周边暴露的人口量,以人口密度计。环境污染事故暴发后污染物进入水体,若导致饮用水源污染则可能会对依赖该取水口的人口造成影响,进而引发健康危害效应。高密度的人口居住区可能遭受更多的损害,因而易损性高。

该指标目前并没有明确统一标准,研究区域不同可选择不同的标准对指标进行分级,本书采用的人口暴露规模分级如表 2.2.10 所示。

**表 2.2.10　人口暴露规模分级表**

| | 高密度 | 中密度 | 低密度 | 无人居住 |
|---|---|---|---|---|
| 人口暴露规模(人/km²) | ≥1 500 | 600～1 500 | ≤600 | 0 |

2）农田灌溉暴露规模

指由于环境污染事故发生而导致的污染水源灌溉农田的规模，以面积计。污染物进入水体，受污染的灌溉用水进入农田，导致农作物受损。

根据农业环境污染事故损失分级标准，将农田灌溉暴露规模分为四个等级，如表 2.2.11 所示。

**表 2.2.11　农田灌溉暴露规模等级划分**

| | 严重 | 较严重 | 中等 | 轻微 |
|---|---|---|---|---|
| 农田灌溉暴露规模(亩①) | ≥5 000 | 1 000～5 000 | 100～1 000 | <100 |

3）渔业水产暴露规模

指受到污染水体影响的渔业及其他水产业规模，以经济损失值计。污染事故暴发后，渔业、水产养殖业等受到污染水体的直接影响，导致水产生物死亡及养殖户的经济损失。

根据渔业环境污染事故损失统计标准，将渔业水产暴露规模分为四个等级，如表 2.2.12 所示。

**表 2.2.12　渔业水产暴露规模等级划分**

| | 严重 | 较严重 | 中等 | 轻微 |
|---|---|---|---|---|
| 渔业水产暴露规模(万元) | ≥1 000 | 100～1 000 | 10～100 | <10 |

4）畜禽养殖暴露规模

指受到污染水体影响的畜禽养殖规模，以养殖业经济损值计。污染事故暴发后，依赖被污染水体的畜禽养殖业将会受到影响，导致畜禽类健康损伤及养殖户的经济损失。

根据畜禽养殖业环境污染事故损失统计标准，将畜禽养殖暴露规模分为四个等级，如表 2.2.13 所示。

① 1 亩约为 666.7 $m^2$。

**表 2.2.13　畜禽养殖暴露规模等级划分**

| | 严重 | 较严重 | 中等 | 轻微 |
|---|---|---|---|---|
| 畜禽养殖暴露规模(万元) | ≥1 000 | 100～1 000 | 10～100 | <10 |

5) 生态功能区划

指受到污染水体影响的生态功能区划等级,以等级计。环境生态功能区划是环境保护的敏感对象,脆弱性相对较高,在环境管理中应给予重点关注。生态功能区划分为生态功能恢复与引导开发区、生态功能敏感与控制开发区、生态功能维护与适度开发区、特殊生态功能优先保护区四级,其特征如表 2.2.14 所示。

**表 2.2.14　生态功能区类别与特征**

| 生态功能区类别 | 生态环境特征及主要问题 |
|---|---|
| 特殊生态功能优先保护区 | 该区主要指一些重要的自然保护区或水源地、清水通道等,区域内的生态敏感性很强,外界的干扰很容易对该区生态环境的完整性和稳定性造成破坏,不利于区域生态安全的构建 |
| 生态功能维护与适度开发区 | 该区主要是从社会经济、人类活动的开发强度上分析,该区的开发力度不大,污染源相对较少,生态敏感性不强,有适度开发的空间和余地 |
| 生态功能敏感与控制开发区 | 该区的生态敏感程度和环境压力具有双重性。该区人类活动强度较大,土地开发程度高,环境存在一定压力,另外由于一些珍稀物种和森林湿地等典型生态系统易被损害,导致该区生态敏感性也较强 |
| 生态功能恢复与引导开发区 | 该区主要指区域生态系统的承载力已经达到极值,四周环境受外界影响破坏程度严重,如果继续大力度开发,生态环境将会继续恶化,最后导致恢复困难 |

2. 抵抗性易损性

1) 流域(湖体)累积污染程度

指某次环境污染事故发生前流域(湖体)的污染状况,即累积污染程度,以水质复杂程度等级表征。水体的累积污染程度影响水体容量,限制了水体的自净能力及对新污染物的接纳能力。若水体在事故发生前已经处于较为严重的污染状态,一旦新污染物进入水体,将会导致更为严重的水质恶化,甚至超出水体容量引起不可逆的生态损害。

根据水质分级标准,水质复杂程度的判定如下:

复杂水质:污染物类型数≥3,或者只含有两类污染物,但主要的水污染物数目≥10;

中等水质：污染物类型数＝2，且主要的水污染物数目＜10，或者只含有一类污染物，但主要的水污染物数目≥7；

简单水质：污染物类型数＝1，主要的水污染物数目＜7。

2）流域（湖体）生态恢复能力

指流域（湖体）生境组成因素从因事故污染而受损到恢复至原状或稳定状态的时间，以年计。若流域（湖体）的生境组成丰富而复杂，则其对外界的扰动具有较强的抵抗能力，且能够较快从损害中恢复，生态恢复能力较强；而生态恢复能力较弱的流域（湖体）抵抗力相对低，易损性较大。

根据水生环境恢复的一般规律，生态恢复能力分级如表 2.2.15 所示。

**表 2.2.15　流域（湖体）生态恢复能力分级**

| | 短期 | 较短时间 | 较长时间 | 长期 |
|---|---|---|---|---|
| 生态环境恢复时间（年） | ＜2 | 2～5 | 5～20 | ＞20 |

3）可替代水源的可用性

指取水口受污染的区域内是否有替代水源或其他备用水源及其可用程度。水源地受到污染后需及时关闭取水口，以避免居民饮用，替代水源及备用水源的存在可以解决居民用水问题，减少因为缺水而导致的各种社会问题，使易损性降低。

将可替代水源的可用性进行分级，如表 2.2.16 所示。

**表 2.2.16　可替代水源的可用性分级**

| | Ⅰ级 | Ⅱ级 | Ⅲ级 | Ⅳ级 |
|---|---|---|---|---|
| 可用性 | 无备用水源 | 具有备用水源但受到污染事故影响 | 具有可用备用水源，需较长时间才能供水 | 具有可用备用水源，可在短时间内供水 |

4）医疗卫生水平

指医院、诊所等医疗卫生机构的数目及可及性。区域内应设有医疗卫生机构，并且分布广泛，一旦环境污染事故引起人体健康的不良效应，受影响人群可以及时就医，以减缓健康损害，降低易损性。

将医疗卫生水平划分为四个等级，如表 2.2.17 所示。

**表 2.2.17　医疗卫生水平等级划分**

| | Ⅰ级 | Ⅱ级 | Ⅲ级 | Ⅳ级 |
|---|---|---|---|---|
| 医疗卫生水平 | 无医疗机构 | 数目=1 | 数目>1<br>且交通方便可及 | 数目>2<br>且交通方便可及 |

5）应急物资储备水平

指环境污染事故发生后，事故现场污染控制材料设备及饮用水、食品等相关应急物资的储备量。充足的应急物质储备有助于管理者在事故应急处理中有效控制污染扩散，尽可能地减少居民恐慌和混乱程度，使受体易损性降低。

根据应急物资储备制度将应急物资储备水平分为四个等级，如表 2.2.18 所示。

**表 2.2.18　应急物资储备水平等级划分**

| | Ⅰ级 | Ⅱ级 | Ⅲ级 | Ⅳ级 |
|---|---|---|---|---|
| 应急物资储备水平 | 无应急物资储备 | 储备不足 | 储备充足 | 储备充足且交通方便可及 |

6）工业产值损失水平

指由于水体污染而导致的工业产值减少，只考虑因水污染引起的供水不足对工业生产能力的损害，以万元计。工业生产大多依赖流域内水资源，水体受污染会对工业产值产生间接的影响，造成工业经济损失。若流域内的工业对水资源依赖性较强，则可能造成较大的经济损失；若对水资源依赖性弱的工业比例较大，则受影响程度减小，易损性降低。

工业损失由下式计算得出：

$$I = Bw \cdot Q \tag{2-16}$$

式中：$Bw$ 为单位水量造成的 GDP 损失（万元/t），由于该值各地差异很大，故应根据太湖不同地区实际情况取值；$Q$ 为受污染水量（t）。将工业损失值分为四个等级，如表 2.2.19 所示。

**表 2.2.19　工业产值损失水平等级划分**

| | 严重 | 较严重 | 中等 | 轻微 |
|---|---|---|---|---|
| 工业产值损失水平（万元） | >1 000 | 100～1 000 | 10～100 | <10 |

7）市场价格变动水平

指由于环境污染事故导致某类产品价格升高或降低的幅度，以变化的百分比计。如饮用水源受污染后，市场饮用品供不应求，价格升高；而水产品可能出现供大于求，价格降低。较低的市场价格变动水平，体现出污染事故所造成的社会混乱程度较小，易损性较低。

市场价格变动水平由下式计算得出：

$$W = (P_2 - P_1)/P_1 \tag{2-17}$$

式中：$P_1$ 为产品原价；$P_2$ 为事故后产品价格。

将市场价格变动水平分为四个等级，如表 2.2.20 所示。

**表 2.2.20 市场价格变动水平等级划分**

| | Ⅰ级 | Ⅱ级 | Ⅲ级 | Ⅳ级 |
|---|---|---|---|---|
| 市场价格变动水平 | ≥100% | 50%～100% | 10%～50% | <10% |

8）替代产品供应水平

指市场中某种受污染产品的替代品供应量是否充足。替代产品供应量充足，可以在一定程度上稳定市场，降低由于某种物品受污染而导致其替代品被抢购的混乱程度，减少经济方面的易损性。

将替代产品供应水平分为四个等级，如表 2.2.21 所示。

**表 2.2.21 替代产品供应水平等级划分**

| | Ⅰ级 | Ⅱ级 | Ⅲ级 | Ⅳ级 |
|---|---|---|---|---|
| 替代产品供应水平 | 无替代产品 | 产品不足 | 产品充足<br>价格上涨 | 产品充足<br>价格稳定 |

9）环境保护标准水平

指该流域内对环境保护标准的水平及相关保护政策的实施情况，如是否具有地方性环境保护条例法规、是否制定和实施流域保护政策措施等。全面而严格的环境保护标准能够预防环境污染事故的产生，是增强受体风险抵抗能力的因素之一。

将环境保护标准水平分为四个等级，如表 2.2.22 所示。

**表 2.2.22　环境保护标准水平等级划分**

| | Ⅰ级 | Ⅱ级 | Ⅲ级 | Ⅳ级 |
|---|---|---|---|---|
| 环境保护标准水平 | 无任何环保标准及政策 | 仅有国家级环保标准及政策 | 具有国家、地方环保标准政策 | 具有国家、地方、流域等完整的环境保护条例及政策，及专门管理单位 |

10）事故应急预案水平

指流域内管理主体是否具有环境污染事故应急预案及应急预案的可操作性如何。高水平的事故应急预案能够保证事故在第一时间得到有效的控制，可以最大程度地减小事故影响范围，避免更多风险受体暴露于污染中。

将事故应急预案水平划分为四个等级，如表 2.2.23 所示。

**表 2.2.23　事故应急预案水平等级划分**

| | Ⅰ级 | Ⅱ级 | Ⅲ级 | Ⅳ级 |
|---|---|---|---|---|
| 事故应急预案水平 | 无任何应急预案 | 具有应急预案 | 具有相应应急预案及快速响应能力 | 具有多种应急预案及快速响应能力 |

11）敏感年龄人口比例

指受环境污染事故影响范围内的最敏感年龄人口所占比例，如婴儿及老人。年幼及年老人群由于平均抵抗力较差，其所占比例高则受影响人群易损性相对较高。

将敏感人口比例划分为四个等级，如表 2.2.24 所示。

**表 2.2.24　敏感年龄人口比例等级划分**

| | Ⅰ级 | Ⅱ级 | Ⅲ级 | Ⅳ级 |
|---|---|---|---|---|
| 敏感年龄人口比例 | 50%～100% | 30%～50% | 10%～30% | <10% |

12）患病人口比例

指受环境污染事故影响范围内的患病者所占的比例。由于患病者的抵抗力相对较差，其所占比例高则受影响人群的易损性相对较高。

将患病人口比例划分为四个等级，如表 2.2.25 示。

表 2.2.25　患病人口比例等级划分

| | Ⅰ级 | Ⅱ级 | Ⅲ级 | Ⅳ级 |
|---|---|---|---|---|
| 患病人口比例 | 50%～100% | 30%～50% | 10%～30% | <10% |

13）居民受教育水平

指流域内居民平均受教育水平，以教育普及率计。受教育程度较高的人群对环境污染事故的认识相对较多，能够在污染事故发生后更好地自我保护，风险抵抗力较强，易损性较低。

将居民受教育水平划分为四个等级，如表 2.2.26 所示。

表 2.2.26　居民受教育水平等级划分

| | Ⅰ级 | Ⅱ级 | Ⅲ级 | Ⅳ级 |
|---|---|---|---|---|
| 居民受教育水平 | <10% | 10%～30% | 30%～50% | 50%～100% |

14）居民事故经验水平

指流域内居民所经历的类似环境污染事故的经验累积程度，以遭遇过的环境污染事故频率计。经历污染事故越多，居民对事故响应及处理过程更熟悉，对风险的抵抗力更强，易损性较低。

将居民事故经验水平分为四个等级，如表 2.2.27 所示。

表 2.2.27　居民事故经验水平

| | Ⅰ级 | Ⅱ级 | Ⅲ级 | Ⅳ级 |
|---|---|---|---|---|
| 居民事故经验水平 | 从未发生过环境污染事故 | 周边偶尔发生一次环境污染事故 | 周边会发生环境污染事故，但不经常 | 周边经常发生环境污染事故 |

### 2.2.3.2　环境风险受体易损性评估指标体系

由环境风险受体易损性评估的各指标及其分级可得出易损性评估的指标体系，如表 2.2.28 所示。该指标体系共选取 19 个因子，19 个单因子均分为四级：第Ⅰ级为高易损性，分值为 4；第Ⅱ级为中易损性，分值为 3；第Ⅲ级为低易损性，分值为 2；第Ⅳ级为极低易损性，分值为 1。

**表 2.2.28　环境风险受体易损性评估指标体系**

| 系统层 | | 变量层 | | | | |
|---|---|---|---|---|---|---|
| | | 指标 | Ⅰ级 | Ⅱ级 | Ⅲ级 | Ⅳ级 |
| 暴露性易损性 | | 人口暴露规模（人/$km^2$） | ≥1 500 | 600～1 500 | ≤600 | 0 |
| | | 渔业水产暴露规模（万元） | ≥1 000 | 100～1 000 | 10～100 | <10 |
| | | 畜禽类养殖暴露规模（万元） | ≥1 000 | 100～1 000 | 10～100 | <10 |
| | | 农田灌溉暴露规模（亩） | ≥5 000 | 1 000～5 000 | 100～1 000 | <100 |
| | | 生态功能规划区暴露规模 | 特殊生态功能优先保护区 | 生态功能维护与适度开发区 | 生态功能敏感与控制开发区 | 生态功能恢复与引导开发区 |
| 抵抗性易损性 | 自然环境 | 流域（湖体）累积污染程度 | 复杂水质 | 中等水质 | 简单水质 | 无污染 |
| | | 流域（湖体）生态恢复能力(a) | >20 | 5～20 | 2～5 | <2 |
| | 基础设施水平 | 可替代水源 | 无备用水源 | 具有备用水源但受到污染事故影响 | 具有可用备用水源，需较长时间才能供水 | 具有可用备用水源，可在短时间内供水 |
| | | 医疗卫生水平 | 无医疗机构 | 数目＝1 | 数目＞1 且交通方便可及 | 数目＞2 且交通方便可及 |
| | | 应急物资储备水平 | 无应急物资储备 | 储备不足 | 储备充足 | 储备充足且交通方便可及 |
| | 社会经济水平 | 工业产值损失水平（万元） | >1 000 | 100～1 000 | 10～100 | <10 |
| | | 市场价格变动水平 | ≥100% | 50%～100% | 10%～50% | <10% |
| | | 替代产品供应水平 | 无替代产品 | 产品不足 | 产品充足<br>价格上涨 | 产品充足<br>价格稳定 |
| | 政策制度水平 | 环境保护标准水平 | 无任何环保标准及政策 | 仅有国家级环保标准及政策 | 具有国家、地方环保标准政策 | 具有国家、地方、流域等完整的环境保护条例及政策，及专门管理单位 |
| | | 事故应急预案水平 | 无任何应急预案 | 具有应急预案 | 具有相应应急预案及快速响应能力 | 具有多种应急预案及快速响应能力 |
| | 受影响人口 | 敏感年龄人口比例 | 50%～100% | 30%～50% | 10%～30% | <10% |
| | | 患病人口比例 | 50%～100% | 30%～50% | 10%～30% | <10% |
| | 社会背景因素 | 居民受教育水平 | <10% | 10%～30% | 30%～50% | 50%～100% |
| | | 居民事故经验水平 | 从未发生过污染事故 | 周边偶尔发生一次污染事故 | 周边会发生污染事故，但不经常 | 周边经常发生污染事故 |
| 分值 | | | 4 | 3 | 2 | 1 |

## 2.3 分析方法

区域环境风险区划是依据区域内环境风险的相对大小来进行分区的，同时以定性指标为主，可以采用综合评价法进行分析。首先根据研究区域环境风险复合系统的特征确定指标体系及划分依据，进行单因子分级评分；在各单因子分级评分的基础上，通过直接叠加或者加权叠加求出区域风险综合指数；然后对区域风险综合指数进行分级，确定环境风险区划的等级。

采用以下公式进行综合评价法分析：

$$M = \sum_{j=1}^{n} K_j M_j \tag{2-18}$$

式中：$M$ 为系统分值；$K_j$ 为子系统权重系数；$M_j$ 为子系统评价分值；$n$ 为分系统数目。

应用专家评分法与层次分析(AHP)法相结合确定各指标的权重，最后进行综合评价值的计算。综合评价值的分级方法见表 2.2.29：

**表 2.2.29 太湖流域环境风险区划分级表**

| 综合评价值 | $3.25<M\leqslant4$ | $2.5<M\leqslant3.25$ | $1.75<M\leqslant2.5$ | $1.0<M\leqslant1.75$ |
|---|---|---|---|---|
| 评价描述 | 高风险 | 中风险 | 低风险 | 极低风险 |
| 风险区划等级 | 高风险区（Ⅰ级） | 中风险区（Ⅱ级） | 低风险区（Ⅲ级） | 极低风险区（Ⅳ级） |

# 第3章
# 太湖流域水环境风险管理技术应用

## 3.1 流域特点

太湖流域位于长江下游河口段的南侧，以太湖为中心，北滨长江，东部及东南临海，西部与西南部以茅山山脉为界岭，和秦淮河、水阳江、钱塘江流域相邻，地跨江浙沪皖三省一市，太湖流域总面积 36 985 km²，其中江苏占 52.6%，浙江占 32.8%，上海占 14%，安徽占 0.6%，主体部分位于江浙沪两省一市境内。

太湖流域在地形地势、水文水环境和社会经济方面均具有其鲜明的特点：

(1) 地形四周高中部低，以平原为主，河流纵横交错、水流流向不定。平原水网区由于地势平缓，河道水流流速普遍缓慢，水体交换速率低，导致河道水体的污染物消解能力低下，大量污染物在河道及湖泊等水体中不断积累，流域水环境风险水平逐年增高。

(2) 湖荡星罗棋布，承担多种生态功能且相对敏感脆弱。流域内现有水面面积在 0.5 km² 以上的大小湖泊共 189 个，占流域面积比例为 8.5%。由于这些湖泊地处平原地区，水深较浅，水体交换周期长，湖泊生态系统结构受损严重，水体自净能力低下，对外界干扰的抵抗能力薄弱，属于流域生态敏感区，相对其他地区的湖泊，更容易出现水华暴发、水体污染等水环境问题，对当地饮用水安全造成严重威胁。

(3) 城镇(人口)密集，经济发达，污染负荷不断增加。流域内共有人口 3 600 多万，约占全国人口 2.9%，人口密度在 1 000 人/km² 以上，城市化率达 49%。太湖流域工业发达，主要工业行业有电子、钢铁、机械制造、化工、纺织、印染、五金等。其中化工、纺织、印染、五金等属于重污染行业，是工业点源污染的主要来源。除点源污染以外,太湖流域的农业非点源、畜禽养殖以及水产养殖等污染也较为严重,导致流域污染负荷不断增加,水体富营养化严重。

(4) 地跨多个行政区,跨界水污染事故和纠纷突出。太湖流域涉及上海、江苏和浙江等多个省级行政区,包括苏州、无锡、常州、杭州、嘉兴、湖州等多个省辖市,现行环境管理模式依然以"条块分割、各自为政"方式为主,缺乏有效的流域管理机制。由于现行管理体制不适应流域水环境保护的客观要求,省、市交界处的水污染防治处于边缘化状态,成为水环境管理的薄弱环节,跨界水污染事件和纠纷时常发生。

## 3.2 主要环境问题

太湖流域地处长江三角洲经济发达地区,水环境科研水平在全国处于领先地位,但与流域面临的严重水环境问题相比,依然存在很大的滞后,很难应对未来水环境严峻形势发展变化需求,难以承担国家重点流域污染防治和水环境质量改善决策的技术支撑,主要表现在:

(1) 累积性生态风险水平不断提高,危及流域水生态安全。累积性生态风险水平不断提高是太湖流域当前面临的主要问题。根据太湖流域各省国民经济和社会发展规划,在今后几年中,全流域的国内生产总值年均增长率仍将高于全国平均水平,城市工业、村镇工业、现代效益农业、集约化规模化养殖业的快速发展,以及因流域居民生活水平提高而造成的生活污水排放量的增加,对水生态系统产生巨大压力。与此同时,流域内的湖滨湿地、河滨湿地等自然生态系统不断受到破坏,流域生态系统抵御外界干扰冲击的能力不断降低,生态日益脆弱。上述因素的共同作用,导致太湖流域的累积性风险水平不断升高,水质恶化、水体富营养化加剧,蓝藻水华暴发趋于频繁,覆盖范围越来越大,严重危害流域水生态安全。

(2) 尚未掌握流域水质变化、湖泊富营养化对流域人类活动的响应关系,对水环境风险难以实现超前预防和控制。太湖流域的水环境问题已经得到各级政府的高度重视,从国家到地方,都投入了大量的资金和技术,开展污染治理,但效果并不理想。太湖流域面积达到36 000多$km^2$,尽管太湖流域经济发达,但要在这样大的范围内全面开展流域水环境治理也是不现实的。同时，环境影响因素和环境质量也是动态变化的，必须根据变化的情况选择水污染控制和治理的重点，合理安排污染控制和治理的资源，这就要求对流域开展准确的风险评估，分析流域水质变化对人类活动的响应关系，确定流域环境问题的核心和关键点，以风险评估的结果为依据，指导流域水环境管理工作，将有限的资金投入到最关键的区域和领域，使有限的资金发挥最大的效益。

(3) 缺乏流域层面的水环境风险管理系统，水环境风险管理尤其是跨界管理能力薄弱。太湖流域的水环境风险管理涉及江苏、浙江、上海等多个省市，跨行政区水体上下游之间的环境风险管理一直是困扰各省市水环境管理的难题之一，从全流域层面对跨行政区的水环境风险实施有效管理与协调已成为亟待解决的主要问题。

高效的水环境风险管理和协调离不开强有力的技术支撑，我国现有的环境监管体系，更多地是从行政管理的需求出发，对流域管理的需求考虑相对较少，流域内各省、市的监管系统自成体系，缺乏全流域的综合管理和处置系统，缺少流域内行政区之间、水系两岸之间、上下游之间的协调互动关系，不同行政区之间的水环境风险信息缺乏有效的交换共享渠道，严重制约了流域水环境风险管理水平的提高。太湖流域迫切需要建立流域层面的水环境风险管理系统，为不同的行政区之间、水系两岸之间、上下游之间提供有效的水环境风险信息交换渠道，建立流域内部协调互动的关系，提高流域总体和跨行政区的水环境风险管理和应急处置能力。

(4) 缺乏有效的风险预警技术和手段，水环境风险无法得到有效控制。太湖富营养化和水华暴发是太湖全流域生态环境问题的集中反映，其根源在于高强度的社会经济压力超过了流域生态系统的承载能力。由于缺乏有效的风险预警技术和机制，污染排放失控引起水质下降、湖泊富营养化加重，治理难度加大，进而导致生态失衡。

此外，太湖流域工业企业密度大，其中相当一部分都属于化工、印染等高污染、高风险行业，近年来，经过多次产业结构调整，情况虽然有所改善，但问题尚未从根本上得到解决，污染事故的隐患依然存在。在地区产业结构短时期内难以根本改变的情况下，要有效降低环境风险，只有依靠高效的风险评估、预警与管理系统，搞清楚流域环境风险源分布情况，分析、预测事故发生的可能性大小以及事故可能影响的范围和程度，才能及早采取防范和控制措施。

## 3.3 太湖流域水环境点源风险评估

### 3.3.1 区域现状及污染源调查

#### 3.3.1.1 资料来源

1. 工业

区域内的工业污染源排污资料根据水利部门开展的入河排污口调查监测资料以及污染源普查资料综合得到。

2. 生活

区域内的人口资料主要来自江苏、浙江和上海两省一市统计年鉴。生活污染源排污根据两省一市统计年鉴中的人口资料，分别按照城镇生活排污系数和农村生活排污系数法计算得到。

3. 农业面源

区域内的耕地面积来自江苏、浙江和上海两省一市统计年鉴，农业面源按农田排污系数法计算得到。

4. 养殖

区域内的畜禽养殖数据来自江苏、浙江和上海两省一市统计年鉴，按排污系数法计算得到。

#### 3.3.1.2 计算方法

调查得到的各类污染源入河系数及排污系数分别见表 3.3.1 和表 3.3.2。

表3.3.1 各类污染源入河系数表

| 工业污染物总入河系数 | | 城市生活污染物总入河系数 | | 农村生活污染物总入河系数 | | 农田污染物总入河系数 | | 畜禽养殖污染物总入河系数 | |
|---|---|---|---|---|---|---|---|---|---|
| COD | $NH_3$-N | COD | $NH_3$-N | COD | $NH_3$-N | COD | $NH_3$-N | COD | $NH_3$-N |
| 0.8～1.0 | 0.8～1.0 | 0.6～0.9 | 0.6～0.9 | 0.1～0.2 | 0.1～0.2 | 0.1～0.3 | 0.1～0.3 | 0.5～0.8 | 0.5～0.8 |

表3.3.2 各类污染源排污系数表

| 城市生活排污系数 | | 农村生活排污系数 | | 农田排污系数 | | 畜禽(折算成猪)养殖排污系数 | |
|---|---|---|---|---|---|---|---|
| g/(人·d) | | g/(人·d) | | kg/(亩·a) | | g/(头·d) | |
| COD | $NH_3$—N | COD | $NH_3$—N | COD | $NH_3$—N | COD | $NH_3$—N |
| 60～100 | 4～8 | 40 | 4 | 10 | 2 | 17.9 | 3.6 |

1. 工业污染物入河量

$$W_{工} = (W_{工p} - \theta_1) \times \beta_1 \tag{3-1}$$

式中：$W_{工}$为工业污染物入河量；$W_{工p}$为工业污染物排放量；$\beta_1$为工业污染物入河系数，取值为0.8～1.0；$\theta_1$为被污水处理厂处理掉的量。

2. 农村生活污染物入河量

$$W_{生1} = W_{生1_p} \times \beta_2 \tag{3-2}$$

式中：$W_{生1}$为农村生活污染物入河量；$W_{生1p}$为农村生活污染物排放量；$\beta_2$为农村生活入河系数，取值为0.1～0.2。

$$W_{生1p} = N_{农} \times \alpha_1 \tag{3-3}$$

式中：$N_{农}$为农村人口数；$\alpha_1$为农村生活排污系数。

3. 城市生活污染物入河量

$$W_{生2} = (W_{生2p} - \theta_2) \times \beta_3 \tag{3-4}$$

式中：$W_{生2}$为城市生活污染物入河量；$W_{生2p}$为城市生活污染物排放量；$\beta_3$为城市生活入河系数，取值为0.6～0.9；$\theta_2$为被污水处理厂处理掉的量。

$$W_{生2p} = N_{城} \times \alpha_2 \tag{3-5}$$

式中：$N_{城}$为城市人口数；$\alpha_2$ 为城市生活排污系数。

4. 农田污染物入河量

$$W_{农} = W_{农p} \times \beta_4 \times \gamma_1 \tag{3-6}$$

式中：$W_{农}$为农田污染物入河量；$W_{农p}$为农田污染物排放量；$\beta_4$ 为农田入河系数，取值为0.1～0.3；$\gamma_1$ 为修正系数，取 1.2～1.5。

$$W_{农p} = M \times \alpha_3 \tag{3-7}$$

式中：$M$ 为耕地面积；$\alpha_3$ 为农田排污系数。

5. 畜禽养殖污染物入河量

$$W_{畜禽} = W_{畜禽p} \times \beta_5 \tag{3-8}$$

式中：$W_{畜禽}$为畜禽养殖污染物入河量；$W_{畜禽p}$为畜禽养殖污染物排放量；$\beta_5$ 为畜禽入河系数，取值为 0.5～0.8。

$$W_{畜禽p} = N_{畜禽} \times \alpha_4 \tag{3-9}$$

式中：$N_{畜禽}$为折换成猪后的养殖头数；$\alpha_4$ 为畜禽排污系数。

### 3.3.1.3 江苏省太湖流域污染源调查

1. 工业企业

根据江苏省污染源普查资料，江苏省太湖流域（以下简称苏南五市）共有企业25 332家，其中有废水排放的企业数量为 8 721 家，占企业总数的 34.43%。对苏南地区 8 721 家企业的区域分布情况统计结果见表 3.3.3，其中苏州3 360家、无锡2 843家、常州 2 047 家，分别占 38.53%、32.60%、23.47%。

**表 3.3.3 苏南五市太湖流域企业分布情况**

| 地级市 | 南京 | 常州 | 无锡 | 苏州 | 镇江 |
| --- | --- | --- | --- | --- | --- |
| 企业个数 | 32 | 2 047 | 2 843 | 3 360 | 439 |
| 所占比例 | 0.37% | 23.47% | 32.60% | 38.53% | 5.03% |

苏南五市2009年工业废水排放总量约12亿t，化学需氧量排放量8.9万t，氨氮排放量3 863.3 t，总磷排放量210.3 t，工业废水集中处理率为39.4%，详见表3.3.4。

**表3.3.4 2009年苏南五市工业污染物排放及处理情况**

| 市 | 规模以上企业数(个) | 废水排放量(亿t) | 化学需氧量排放量(万t) | 氨氮排放量(t) | 总磷排放量(t) | 工业废水集中处理率(%) |
|---|---|---|---|---|---|---|
| 南京 | 3 520 | 2.6 | 2.0 | 1 150.9 | 31.3 | 21.9 |
| 无锡 | 7 225 | 2.9 | 1.3 | 399.4 | 45.2 | 48.5 |
| 镇江 | 3 064 | 0.5 | 0.7 | 350.0 | 3.6 | 11.6 |
| 常州 | 6 493 | 1.3 | 1.3 | 430.0 | 42.4 | 44.2 |
| 苏州 | 13 720 | 4.6 | 3.6 | 1 533.0 | 87.8 | 45.9 |
| 合计 | 34 022 | 11.9 | 8.9 | 3 863.3 | 210.3 | 39.4 |

苏南五市太湖流域企业行业分布情况见表3.3.5。

**表3.3.5 苏南五市太湖流域企业行业汇总分布**

| 行业类别 | 南京 | 常州 | 无锡 | 苏州 | 镇江 | 合计 |
|---|---|---|---|---|---|---|
| 食品加工 | 6 | 66 | 65 | 84 | 14 | 235 |
| 包装装潢及其他印刷 | | | 4 | 5 | 1 | 10 |
| 玻璃及其相关制品 | | 5 | 7 | 11 | 4 | 27 |
| 采矿及金属冶炼 | | 2 | 6 | 2 | | 10 |
| 机械加工、制造 | 3 | 205 | 454 | 310 | 34 | 1 006 |
| 电池制造 | | 20 | 25 | 13 | 5 | 63 |
| 建材 | 1 | 4 | 5 | 6 | 2 | 18 |
| 电镀(金属表面处理及加工) | 1 | 106 | 166 | 317 | 58 | 648 |
| 印染 | | 285 | 329 | 516 | 3 | 1 133 |
| 化工 | 5 | 472 | 328 | 406 | 76 | 1 287 |
| 纺织 | | 122 | 307 | 302 | 12 | 743 |
| 造纸 | | 17 | 6 | 20 | 2 | 45 |
| 水泥制造 | 1 | 19 | 46 | 22 | 8 | 96 |
| 医药 | 1 | 56 | 26 | 45 | 3 | 131 |
| 电子 | | 56 | 64 | 279 | 1 | 400 |

从污染物排放行业构成来看，纺织印染化学需氧量排放量最大，占排放总量的

70.1%，化工及制药其次，占11.9%，详见图3.3.1。

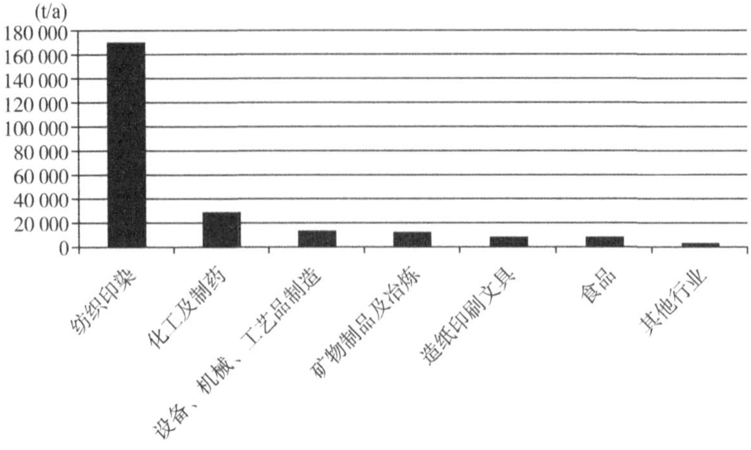


**图3.3.1 2009年苏南五市各行业化学需氧量排放构成图**

2. 污水处理厂

苏南五市已建成299座污水处理厂，日处理能力达到776.29万t。其中常州已建成46座污水处理厂，日处理能力105.2万t；南京已建成43座污水处理厂，日处理能力170.81万t；苏州已建成污水处理厂126座，日处理能力292.27万t；镇江市已建成12座污水处理厂，日处理能力36.7万t；无锡已建成72座污水处理厂，日处理能力171.31万t。

苏南五市农村常住人口1 091.9万人，城镇常住人口2 132.85万人。城镇生活污水产生量15.8亿t/a。经计算，苏南地区城镇生活污染源排放化学需氧量12.6万t/a，氨氮1.6万t/a，总磷1 792.7万t/a，城镇生活污水集中处理率为84.7%，见表3.3.6。

**表3.3.6 2009年苏南五市城镇生活污水集中处理情况**

| 市 | 城镇生活污水产生量(万t) | 污水厂处理生活污水量(万t) | 污水处理厂集中处理率(%) |
|---|---|---|---|
| 南京 | 49 203 | 46 449 | 94.4 |
| 无锡 | 31 683 | 24 013 | 75.8 |
| 镇江 | 9 606 | 7 858 | 81.8 |
| 常州 | 20 199 | 12 692 | 62.8 |

续表

| 市 | 城镇生活污水产生量(万 t) | 污水厂处理生活污水量(万 t) | 污水处理厂集中处理率(%) |
|---|---|---|---|
| 苏州 | 46 903 | 42 472 | 90.6 |
| 合计 | 157 594 | 133 484 | 84.7 |

3. 城镇生活污水

苏南五市城镇人口详见表3.3.7。城镇生活污水入河系数取0.6。

**表3.3.7　苏南五市的城镇常住人口**

| 市 | 县、区 | 城镇常住人口(万人) |
|---|---|---|
| 南京 | 市区 | 644.22 |
| | 溧水区 | 17.10 |
| | 高淳区 | 14.32 |
| | 合计 | 675.64 |
| 常州 | 市区 | 212.76 |
| | 溧阳市 | 34.03 |
| | 金坛市 | 25.69 |
| | 合计 | 272.48 |
| 苏州 | 市区 | 311.07 |
| | 常熟市 | 72.40 |
| | 张家港市 | 56.58 |
| | 昆山市 | 74.00 |
| | 吴江市 | 61.02 |
| | 太仓市 | 38.83 |
| | 合计 | 613.90 |
| 镇江 | 市区 | 74.31 |
| | 丹阳市 | 24.81 |
| | 扬中市 | 17.46 |
| | 句容市 | 27.50 |
| | 合计 | 144.08 |
| 无锡 | 市区 | 293.67 |
| | 江阴市 | 62.08 |
| | 宜兴市 | 71.00 |
| | 合计 | 426.75 |

城镇生活排污系数范围：$COD_{Cr}$取 70～90 g/(人·d)，氨氮取 8～10 g/(人·d)，总磷取 0.9～1.2 g/(人·d)，总氮取 11～15 g/(人·d)。

4. 畜禽水产

苏南五市畜禽水产养殖数据详见表 3.3.8。畜禽粪尿排泄量见表 3.3.9。畜粪便中污染物平均含量见表 3.3.10。水产排污系数见表 3.3.11。

**表 3.3.8　苏南五市畜禽水产数据**

| 市 | 县、区 | 畜牧业生产情况(年末存栏)/万头(只) | | | | | 水产品产量 | | |
|---|---|---|---|---|---|---|---|---|---|
| | | 生猪 | 牛 | 羊 | 家禽 | 兔 | 总产量(t) | 其中:养殖 | |
| | | | | | | | | 面积($hm^2$) | 产量(t) |
| 南京 | 市区 | 38.49 | 2.26 | 9.46 | 778.85 | 7.44 | 57 066 | 28 990 | 135 818 |
| | 溧水区 | 6.91 | 0.41 | 1.70 | 139.98 | 1.34 | 11 496 | 10 142 | 36 759 |
| | 高淳区 | 6.61 | 0.39 | 1.62 | 133.67 | 1.28 | 9 598 | 8 298 | 30 075 |
| | 合计 | 52.01 | 3.06 | 12.78 | 1 052.50 | 10.06 | 78 160 | 47 430 | 202 652 |
| 常州 | 市区 | 22.67 | 0.58 | 1.35 | 527.62 | — | 67 901 | 9 654 | 127 896 |
| | 溧阳市 | 7.04 | 0.13 | 2.61 | 261.04 | — | 19 792 | 13 733 | 42 025 |
| | 金坛市 | 17.82 | 0.05 | 4.71 | 292.60 | — | 31 965 | 15 375 | 45 729 |
| | 合计 | 47.53 | 0.76 | 8.67 | 1 081.26 | — | 119 658 | 38 762 | 215 650 |
| 苏州 | 市区 | 19.52 | 0.73 | 1.18 | 64.40 | 0.35 | 59 022 | 25 600 | 14 306 |
| | 常熟市 | 16.46 | 0.30 | 1.01 | 67.30 | — | 29 753 | 11 970 | 55 167 |
| | 张家港市 | 9.88 | 0.48 | 0.99 | 104.63 | 1.16 | 35 225 | 31 000 | 36 005 |
| | 昆山市 | 7.03 | 0.37 | 0.06 | 29.43 | — | 25 154 | 13 370 | 16 742 |
| | 吴江市 | 13.28 | — | 2.02 | 99.35 | 2.78 | 21 104 | 21 950 | 48 910 |
| | 太仓市 | 16.20 | 0.44 | 1.23 | 755.78 | 2.79 | 81 634 | 45 500 | 67 912 |
| | 合计 | 82.37 | 2.32 | 6.49 | 1 120.89 | 7.08 | 251 892 | 149 390 | 239 042 |
| 镇江 | 市区 | 13.96 | — | 0.72 | 225.95 | — | 23 300 | — | — |
| | 句容市 | 17.51 | — | 1.59 | 150.60 | — | 22 300 | — | — |
| | 丹阳市 | 7.95 | — | 0.75 | 53.50 | — | 9 300 | — | — |
| | 扬中市 | 9.20 | — | 0.60 | 90.86 | — | 15 000 | — | — |
| | 合计 | 48.62 | — | 3.66 | 520.91 | — | 69 900 | — | — |
| 无锡 | 市区 | 11.10 | 0.17 | 0.19 | 276.63 | 2.86 | 26 627 | 2 253 | 21 732 |
| | 江阴市 | 19.50 | 0.73 | 1.80 | 1 200.00 | 0.60 | 51 015 | 3 734 | 22 646 |
| | 宜兴市 | 18.39 | 0.08 | 1.09 | 687.18 | 4.73 | 35 746 | 15 705 | 77 312 |
| | 合计 | 48.99 | 0.98 | 3.08 | 2 163.81 | 8.19 | 113 388 | 21 692 | 121 690 |

表 3.3.9　畜禽粪尿排泄量

单位:kg/a

| 项目 | 牛 | 猪 | 羊 | 鸡 | 鸭 |
|---|---|---|---|---|---|
| 粪 | 7 300 | 300 | 1 000 | 6 | 6 |
| 尿 | 3 650 | 495 | 500 | — | — |
| 饲养周期(d) | 365 | 150 | 365 | 60 | 60 |

表 3.3.10　畜禽粪便中污染物平均含量

单位:kg/t

| 项目 | $COD_{Cr}$ | $BOD_5$ | $NH_3$-N | 总磷 | 总氮 |
|---|---|---|---|---|---|
| 牛粪 | 31.0 | 24.5 | 1.7 | 1.2 | 4.4 |
| 牛尿 | 6.0 | 4.0 | 3.5 | 0.4 | 8.0 |
| 猪粪 | 52.0 | 57.0 | 3.1 | 3.4 | 5.9 |
| 猪尿 | 9.0 | 5.0 | 1.2 | 0.5 | 3.3 |
| 鸡粪 | 45.0 | 47.9 | 4.8 | 5.4 | 9.8 |
| 羊粪 | 31.0 | 24.5 | 1.7 | 1.2 | 4.4 |
| 羊尿 | 6.0 | 4.0 | 3.5 | 0.4 | 8.0 |

表 3.3.11　水产排污系数

单位:g/kg

| 区域 | 总氮 | 总磷 | COD |
|---|---|---|---|
| 苏南五市 | 2.522 | 0.437 | 19.062 |

畜禽污染物入河系数为 0.5,水产污染物入河系数取 0.8。

5. 农村生活污水

苏南五市农村常住人口数据详见表 3.3.12。

表 3.3.12　苏南五市的农村常住人口

| 市 | 县、区 | 农村常住人口(万人) |
|---|---|---|
| 南京 | 市区 | 140.65 |
| | 溧水区 | 30.90 |
| | 高淳区 | 35.49 |
| | 合计 | 207.04 |
| 常州 | 市区 | 140.30 |
| | 溧阳市 | 59.04 |
| | 金坛市 | 37.38 |
| | 合计 | 236.72 |

续表

| 市 | 县、区 | 农村常住人口(万人) |
| --- | --- | --- |
| 苏州 | 市区 | 84.04 |
| | 常熟市 | 76.50 |
| | 张家港市 | 62.36 |
| | 昆山市 | 39.39 |
| | 吴江市 | 53.66 |
| | 太仓市 | 25.90 |
| | 合计 | 341.85 |
| 镇江 | 市区 | 44.79 |
| | 句容市 | 44.40 |
| | 丹阳市 | 59.06 |
| | 扬中市 | 21.04 |
| | 合计 | 169.29 |
| 无锡市 | 市区 | 52.12 |
| | 江阴市 | 43.64 |
| | 宜兴市 | 41.24 |
| | 合计 | 137.00 |

农村生活污水入河系数取0.5。农村生活排污系数：$COD_{Cr}$取16.4 g/(人·d)，氨氮取4 g/(人·d)，总磷取0.44 g/(人·d)，总氮取5 g/(人·d)。

### 6. 农田

苏南五市耕地面积详见表3.3.13。

**表3.3.13 苏南五市耕地面积情况**

单位：亩

| 市 | 县、区 | 耕地面积 | | |
| --- | --- | --- | --- | --- |
| | | 总面积 | ①旱地 | ②水田 |
| 南京 | 市区 | 3 413 250 | 1 279 814.03 | 2 133 435.97 |
| | 溧水区 | 908 550 | 340 665.07 | 567 884.93 |
| | 高淳区 | 806 400 | 302 363.45 | 504 036.55 |
| | 合计 | 5 128 200 | 1 922 842.55 | 3 205 357.45 |

**续表**

| 市 | 县、区 | 耕地面积 | | |
|---|---|---|---|---|
| | | 总面积 | ①旱地 | ②水田 |
| 常州 | 市区 | 905 550 | 339 540.20 | 566 009.80 |
| | 溧阳市 | 837 450 | 314 005.79 | 523 444.21 |
| | 金坛市 | 478 950 | 179 584.54 | 299 365.46 |
| | 合计 | 2 221 950 | 833 130.53 | 1 388 819.47 |
| 苏州 | 市区 | 727 200 | 272 667.04 | 454 532.96 |
| | 常熟市 | 846 600 | 317 436.63 | 529 163.37 |
| | 张家港市 | 520 200 | 195 051.42 | 325 148.58 |
| | 昆山市 | 280 500 | 105 174.79 | 175 325.21 |
| | 吴江市 | 562 050 | 210 743.27 | 351 306.73 |
| | 太仓市 | 509 250 | 190 945.67 | 318 304.33 |
| | 合计 | 3 445 800 | 1 292 018.82 | 2 153 781.18 |
| 镇江 | 市区 | 37 674 | 14 126.04 | 23 547.96 |
| | 句容市 | 46 929 | 17 596.25 | 29 332.75 |
| | 丹阳市 | 53 351 | 20 004.21 | 33 346.79 |
| | 扬中市 | 9 946 | 3 729.30 | 6 216.70 |
| | 合计 | 147 900 | 55 455.80 | 92 444.20 |
| 无锡 | 市区 | 560 400 | 138 600.00 | 421 800.00 |
| | 江阴市 | 484 950 | 98 850.00 | 386 100.00 |
| | 宜兴市 | 987 150 | 150 000.00 | 987 000.00 |
| | 合计 | 2 032 500 | 387 450.00 | 1 794 900.00 |

农田排污系数：$COD_{Cr}$取 10 kg/(亩·a)，氨氮取 2 kg/(亩·a)，总磷取 0.5 kg/(亩·a)，总氮取 7 kg/(亩·a)。

7. 污染源统计

苏南五市的污染源统计情况，见表 3.3.14 至表 3.3.17。

**表 3.3.14　苏南五市 COD 排放量**

单位:t/a

| 市 | 县、区 | 点源 | | 面源 | | 合计 |
|---|---|---|---|---|---|---|
| | | 工业 | 城镇生活 | 畜禽水产 | 农村生活 | |
| 常州 | 市区 | 8 419.05 | 8 773.27 | 78 960.24 | 2 074.70 | 98 227.26 |
| | 溧阳市 | 706.46 | 1 283.54 | 37 403.70 | 498.04 | 39 891.74 |
| | 金坛市 | 1 093.33 | 790.00 | 40 934.81 | 144.78 | 42 962.92 |
| 南京 | 市区 | 13 704.05 | 25 240.69 | 74 191.77 | 6 088.01 | 119 224.52 |
| | 溧水区 | 463.89 | 768.60 | 4 869.26 | 205.06 | 6 306.81 |
| | 高淳区 | 968.18 | 571.06 | 8 162.96 | 0.00 | 9 702.20 |
| 苏州 | 市区 | 7 167.87 | 12 012.14 | 10 616.97 | 1 561.25 | 31 358.23 |
| | 常熟市 | 4 922.20 | 2 660.90 | 3 067.19 | 419.35 | 11 069.64 |
| | 张家港市 | 4 043.11 | 1 830.96 | 3 950.67 | 478.96 | 10 303.70 |
| | 昆山市 | 4 942.74 | 2 885.09 | 4 095.74 | 0.00 | 11 923.57 |
| | 吴江市 | 4 541.57 | 2 389.61 | 7 687.59 | 154.02 | 14 772.79 |
| | 太仓市 | 2 645.71 | 1 041.97 | 13 830.87 | 114.39 | 17 632.94 |
| 无锡 | 市区 | 5 566.80 | 10 819.13 | 4 886.45 | 2 266.45 | 23 538.83 |
| | 江阴市 | 9 160.65 | 2 401.37 | 3 934.68 | 403.44 | 15 900.14 |
| | 宜兴市 | 979.04 | 2 504.60 | 3 089.73 | 753.08 | 7 326.45 |
| 镇江 | 市区 | 3 342.38 | 2 563.39 | 74.64 | 479.67 | 6 460.08 |
| | 丹阳市 | 811.70 | 661.08 | 146.66 | 82.25 | 1 701.69 |
| | 扬中市 | 0.00 | 335.54 | 8.03 | 158.63 | 502.20 |
| | 句容市 | 418.33 | 925.93 | 146.49 | 193.40 | 1 684.15 |
| 合计 | | 73 897.05 | 80 458.88 | 300 058.45 | 16 075.48 | 470 489.86 |

**表 3.3.15　苏南五市 COD 入河量**

单位:t/a

| 市 | 县、区 | 点源 | | 面源 | | 合计 |
|---|---|---|---|---|---|---|
| | | 工业 | 城镇生活 | 畜禽水产 | 农村生活 | |
| 常州 | 市区 | 6 735.24 | 6 140.91 | 40 004.06 | 207.47 | 53 087.68 |
| | 溧阳市 | 565.16 | 816.13 | 19 086.05 | 49.80 | 20 517.14 |
| | 金坛市 | 874.66 | 570.76 | 21 005.69 | 14.48 | 22 465.59 |
| 南京 | 市区 | 10 963.24 | 17 617.01 | 38 507.72 | 608.80 | 67 696.77 |
| | 溧水区 | 371.11 | 528.13 | 2 805.77 | 20.51 | 3 725.52 |
| | 高淳区 | 774.54 | 456.85 | 4 540.21 | 0.00 | 5 771.60 |

**续表**

| 市 | 县、区 | 点源 | | 面源 | | 合计 |
|---|---|---|---|---|---|---|
| | | 工业 | 城镇生活 | 畜禽水产 | 农村生活 | |
| 苏州 | 市区 | 5 734.29 | 8 949.23 | 6 464.53 | 156.13 | 21 304.18 |
| | 常熟市 | 3 937.75 | 1 951.32 | 1 849.37 | 41.93 | 7 780.37 |
| | 张家港市 | 3 234.49 | 1 262.14 | 2 289.91 | 47.90 | 6 834.44 |
| | 昆山市 | 3 954.20 | 2 308.06 | 2 570.57 | 0.00 | 8 832.83 |
| | 吴江市 | 3 633.25 | 1 846.53 | 5 518.25 | 15.40 | 11 013.43 |
| | 太仓市 | 2 116.57 | 785.19 | 6 995.63 | 11.44 | 9 908.83 |
| 无锡 | 市区 | 4 453.44 | 7 696.48 | 3 135.65 | 226.64 | 15 512.21 |
| | 江阴市 | 7 328.52 | 1 750.42 | 2 015.45 | 40.34 | 11 134.73 |
| | 宜兴市 | 783.23 | 1 685.09 | 1 890.93 | 75.31 | 4 434.56 |
| 镇江 | 市区 | 2 673.91 | 1 847.79 | 44.02 | 47.97 | 4 613.69 |
| | 丹阳市 | 649.36 | 494.07 | 85.74 | 8.22 | 1 237.39 |
| | 扬中市 | 0.00 | 201.32 | 4.86 | 15.86 | 222.04 |
| | 句容市 | 334.66 | 658.93 | 86.04 | 19.34 | 1 098.97 |
| 合计 | | 59 117.62 | 57 566.36 | 158 900.45 | 1 607.54 | 277 191.97 |

**表 3.3.16　苏南五市氨氮排放量**

单位：t/a

| 市 | 县、区 | 点源 | | 面源 | | | 合计 |
|---|---|---|---|---|---|---|---|
| | | 工业 | 城镇生活 | 畜禽水产 | 农村生活 | 农田 | |
| 常州 | 市区 | 288.72 | 511.94 | 331.93 | 207.47 | 38 606.87 | 39 946.93 |
| | 溧阳市 | 10.78 | 128.79 | 101.03 | 49.80 | 18 061.51 | 18 351.91 |
| | 金坛市 | 7.04 | 50.11 | 195.21 | 14.48 | 19 570.28 | 19 837.12 |
| 南京 | 市区 | 140.05 | 2 775.45 | 559.43 | 608.80 | 34 742.84 | 38 826.57 |
| | 溧水区 | 11.80 | 95.88 | 92.39 | 20.51 | 1 816.06 | 2 036.64 |
| | 高淳区 | 2.63 | 56.33 | 83.49 | 0.00 | 3 316.92 | 3 459.37 |
| 苏州 | 市区 | 317.84 | 930.45 | 218.05 | 156.12 | 3 381.73 | 5 004.19 |
| | 常熟市 | 126.41 | 224.92 | 91.17 | 41.93 | 1 007.30 | 1 491.73 |
| | 张家港市 | 40.74 | 144.83 | 67.20 | 47.90 | 1 451.05 | 1 751.72 |
| | 昆山市 | 36.30 | 291.38 | 84.50 | 0.00 | 1 176.70 | 1 588.88 |
| | 吴江市 | 217.78 | 149.10 | 213.52 | 15.40 | 1 053.03 | 1 648.83 |
| | 太仓市 | 79.59 | 359.40 | 72.45 | 11.44 | 6 781.78 | 7 304.66 |

**续表**

| 市 | 县、区 | 点源 | | 面源 | | | 合计 |
|---|---|---|---|---|---|---|---|
| | | 工业 | 城镇生活 | 畜禽水产 | 农村生活 | 农田 | |
| 无锡 | 市区 | 154.14 | 790.42 | 101.70 | 226.64 | 1 289.20 | 2 562.10 |
| | 江阴市 | 199.32 | 155.45 | 64.72 | 40.34 | 1 887.16 | 2 346.99 |
| | 宜兴市 | 24.94 | 193.03 | 76.65 | 75.31 | 968.10 | 1 338.03 |
| 镇江 | 市区 | 157.57 | 263.75 | 1 218.78 | 47.97 | 19.51 | 1 707.58 |
| | 丹阳市 | 17.26 | 79.17 | 2 830.00 | 8.22 | 33.49 | 2 968.14 |
| | 扬中市 | 0.00 | 33.55 | 765.50 | 15.86 | 9.33 | 824.24 |
| | 句容市 | 44.95 | 80.53 | 2 044.98 | 19.34 | 26.01 | 2 215.81 |
| 合计 | | 1 877.88 | 7 314.46 | 9 212.70 | 1 607.53 | 135 198.87 | 155 211.44 |

**表 3.3.17　苏南五市氨氮入河量**

单位：t/a

| 市 | 县、区 | 点源 | | 面源 | | | 合计 |
|---|---|---|---|---|---|---|---|
| | | 工业 | 城镇生活 | 畜禽水产 | 农村生活 | 农田 | |
| 常州 | 市区 | 230.99 | 321.77 | 184.27 | 20.75 | 0.00 | 757.78 |
| | 溧阳市 | 8.62 | 81.96 | 61.99 | 4.98 | 1 806.15 | 1 963.70 |
| | 金坛市 | 5.62 | 33.97 | 120.82 | 1.45 | 1 957.03 | 2 118.89 |
| 南京 | 市区 | 112.04 | 1 962.80 | 322.09 | 60.88 | 0.00 | 2 457.81 |
| | 溧水区 | 9.44 | 68.03 | 57.36 | 2.05 | 181.61 | 318.49 |
| | 高淳区 | 2.10 | 45.06 | 56.04 | 0.00 | 331.69 | 434.89 |
| 苏州 | 市区 | 254.27 | 678.32 | 151.05 | 15.61 | 0.00 | 1 099.25 |
| | 常熟市 | 101.13 | 162.19 | 61.76 | 4.19 | 100.73 | 430.00 |
| | 张家港市 | 32.59 | 95.60 | 43.44 | 4.79 | 145.10 | 321.52 |
| | 昆山市 | 29.04 | 233.11 | 56.01 | 0.00 | 117.67 | 435.83 |
| | 吴江市 | 174.22 | 112.77 | 158.72 | 1.54 | 105.30 | 552.55 |
| | 太仓市 | 63.68 | 282.67 | 38.26 | 1.14 | 678.18 | 1 063.93 |
| 无锡 | 市区 | 123.31 | 536.46 | 69.42 | 22.66 | 0.00 | 751.85 |
| | 江阴市 | 159.45 | 107.29 | 33.61 | 4.03 | 188.72 | 493.10 |
| | 宜兴市 | 19.95 | 122.57 | 47.83 | 7.53 | 96.81 | 294.69 |
| 镇江 | 市区 | 126.06 | 190.71 | 609.58 | 4.80 | 0.00 | 931.15 |
| | 丹阳市 | 13.81 | 59.86 | 1 415.43 | 0.82 | 3.35 | 1 493.27 |
| | 扬中市 | 0.00 | 20.13 | 382.87 | 1.59 | 0.93 | 405.52 |
| | 句容市 | 35.96 | 56.25 | 1 022.80 | 1.93 | 2.60 | 1 119.54 |
| 合计 | | 1 502.30 | 5 171.50 | 4 893.35 | 160.74 | 5 715.87 | 17 443.60 |

#### 3.3.1.4 浙江省太湖流域污染源调查

1. 工业企业

结合浙江省污染源普查资料，浙江省太湖流域共有企业4 379家，其中废水排放量100 t/a以上的的企业数量为4 343家，占企业总数的99.2%，直排企业数量为2 728家。嘉兴市按80%排放量筛选出主要直排污染企业195家，其中秀洲区直排污染企业116家，南湖区直排污染企业5家，平湖市直排污染企业11家，海宁市直排污染企业4家，嘉善县直排污染企业32家，海盐县直排污染企业7家，桐乡市直排污染企业20家。杭州市按80%排放量筛选出主要直排污染企业36家，其中拱墅区直排污染企业3家，上城区直排污染企业3家，西湖区直排污染企业4家，余杭区直排污染企业26家。湖州市按80%排放量筛选出主要直排污染企业122家，其中南浔区直排污染企业38家，德清县直排污染企业31家，吴兴区直排污染企业53家。

2. 污水处理厂

嘉兴市杭嘉湖区域内已建成26座污水处理厂，日处理污水能力达到80.72万t。其中嘉善县4座，嘉兴市秀洲区9座，平湖市2座，海盐县1座，海宁市3座，桐乡市7座。

杭州市杭嘉湖区域内已建成34座污水处理厂，日处理能力达到269.6万t。

湖州市杭嘉湖区域内已建成19座污水处理厂，日处理能力达到61.28万t，其中南浔区6座，吴兴区8座，德清县5座。

3. 城镇生活污水

嘉兴市、杭州市及湖州市城镇常住人口详见表3.3.18。城镇生活污水入河系数取0.85。

**表 3.3.18 嘉兴市、杭州市、湖州市城镇常住人口**

| 市 | 县、区 | 城镇常住人口(万人) |
| --- | --- | --- |
| 嘉兴 | 市区 | 42.40 |
| | 平湖市 | 70.13 |
| | 海宁市 | 32.67 |
| | 桐乡市 | 30.33 |
| | 嘉善县 | 23.47 |
| | 海盐县 | 26.29 |
| | 合计 | 225.29 |
| 杭州 | 市区(部分) | 493.51 |
| | 余杭区(部分) | 41.9 |
| | 合计 | 535.41 |
| 湖州 | 市区(部分) | 72.98 |
| | 德清县(部分) | 22.40 |
| | 合计 | 95.38 |

城镇生活排污系数范围：$COD_{Cr}$取 70～90 g/(人・d)，氨氮取 8～10 g/(人・d)，总磷取 0.9～1.2 g/(人・d)，总氮取 11～15 g/(人・d)。

4. 畜禽水产

杭州市、湖州市和嘉兴市畜禽养殖、水产数据详见表 3.3.19 和表 3.3.20，具体计算参数见表 3.3.21 至表 3.3.23。

**表 3.3.19 嘉兴市、杭州市、湖州市畜牧业数据**

| 市 | 县、区 | 畜牧业生产情况 | | | |
| --- | --- | --- | --- | --- | --- |
| | | 生猪(万头) | 奶牛(万头) | 肉牛(万头) | 家禽(万羽) |
| | | 年末存栏 | 年末存栏 | 年末存栏 | 年末存栏 |
| 嘉兴 | 市区 | 56.69 | 770 | — | 275.90 |
| | 平湖市 | 10.12 | 760 | — | 115.58 |
| | 海宁市 | 13.91 | 2510 | — | 321.95 |
| | 桐乡市 | 12.65 | — | — | 48.71 |
| | 嘉善县 | 40.34 | 458 | — | 34.46 |
| | 海盐县 | 64.08 | — | — | 184.55 |
| | 合计 | 197.79 | 4 498 | — | 981.15 |

续表

| 市 | 县、区 | 畜牧业生产情况 | | | |
|---|---|---|---|---|---|
| | | 生猪(万头) | 奶牛(万头) | 肉牛(万头) | 家禽(万羽) |
| | | 年末存栏 | 年末存栏 | 年末存栏 | 年末存栏 |
| 杭州 | 市区(部分) | 1.76 | 5 300 | 0 | 6.23 |
| | 余杭区(部分) | 15.12 | 430 | 457 | 114.65 |
| | 合计 | 16.88 | 5 730 | 457 | 120.88 |
| 湖州 | 市区(部分) | 22.45 | — | 80 | 565.50 |
| | 德清县(部分) | 32.00 | 1164 | 80 | 191.66 |
| | 合计 | 54.45 | 1164 | 160 | 757.16 |

**表 3.3.20　嘉兴市、杭州市、湖州市水产数据**

| 市 | 县、区 | 水产品产量 | | | | |
|---|---|---|---|---|---|---|
| | | 鱼产量(t) | 虾产量(t) | 蟹产量(t) | 贝产量(t) | 其他产量(t) |
| 嘉兴 | 市区 | 21 645 | 6 091 | 2 522 | 2 388 | 1 134 |
| | 平湖市 | 7 289 | 4 861 | 24 | 27 | 904 |
| | 海宁市 | 12 373 | 4 539 | 417 | 856 | 16 899 |
| | 桐乡市 | 5 535 | 1 064 | 56 | 52 | 1 689 |
| | 嘉善县 | 13 885 | 5 102 | 515 | 1 195 | 3 914 |
| | 海盐县 | 3 893 | 3 585 | — | — | 1 348 |
| | 合计 | 64 620 | 25 242 | 3 534 | 4 518 | 25 888 |
| 杭州 | 市区(部分) | 8 012 | 3 171 | 907 | — | 6 000 |
| | 余杭区(部分) | 42 720 | 15 946 | — | — | 25 642 |
| | 合计 | 50 732 | 19 117 | 907 | — | 31 642 |
| 湖州 | 市区(部分) | 89 135 | 5 647 | 1 128 | 239 | 15 574 |
| | 德清县(部分) | 45 018 | 4 827 | 1 801 | 1 619 | 703 |
| | 合计 | 134 153 | 10 474 | 2 929 | 1 858 | 16 277 |

**表 3.3.21　畜禽粪尿排泄系数**

单位:kg/a

| 项目 | 牛 | 猪 | 鸡 |
|---|---|---|---|
| 粪 | 7 300 | 300 | 6 |
| 尿 | 3 650 | 495 | — |
| 饲养周期(d) | 365 | 150 | 60 |

**表 3.3.22　畜禽粪便中污染物平均含量**

单位：g/t

| 项目 | $COD_{Cr}$ | $BOD_5$ | $NH_3-N$ | 总磷 | 总氮 |
|---|---|---|---|---|---|
| 牛粪 | 31.0 | 24.5 | 1.7 | 1.2 | 4.4 |
| 牛尿 | 6.0 | 4.0 | 3.5 | 0.4 | 8.0 |
| 猪粪 | 52.0 | 57.0 | 3.1 | 3.4 | 5.9 |
| 猪尿 | 9.0 | 5.0 | 1.2 | 0.5 | 3.3 |
| 鸡粪 | 45.0 | 47.9 | 4.8 | 5.4 | 9.8 |

**表 3.3.23　水产排污系数**

单位：g/kg

| 品种 | 总氮 | 总磷 | COD |
|---|---|---|---|
| 鱼 | 2.522 | 0.437 | 19.062 |
| 虾 | 2.560 | 0.545 | 2.396 |
| 蟹 | 2.549 | 0.449 | 53.954 |
| 贝 | 8.910 | 0.767 | 44.274 |
| 其他 | 5.799 | 0.990 | 54.184 |

### 5. 农村生活污水

嘉兴市、杭州市及湖州市农村常住人口数据详见表3.3.24。农村生活污水入河系数取0.5。

**表 3.3.24　嘉兴市、杭州市、湖州市农村常住人口**

| 市 | 县、区 | 农村常住人口(万人) |
|---|---|---|
| 嘉兴 | 嘉善县 | 20.36 |
| | 市区 | 43.70 |
| | 平湖市 | 25.28 |
| | 海盐县 | 29.72 |
| | 海宁市 | 42.83 |
| | 桐乡市 | 40.79 |
| | 合计 | 202.68 |
| 杭州 | 市区(部分) | 10.43 |
| | 余杭区(部分) | 42.94 |
| | 合计 | 53.37 |
| 湖州 | 市区(部分) | 65.05 |
| | 德清县(部分) | 30.34 |
| | 合计 | 95.39 |

农村生活排污系数：$COD_{Cr}$取 16.4 g/(人·d)，氨氮取 4 g/(人·d)，总磷取 0.44 g/(人·d)，总氮取 5 g/(人·d)。

6. 农田

嘉兴市和杭州市、湖州市耕地面积详见表 3.3.25。

**表 3.3.25　嘉兴市、杭州市、湖州市耕地面积情况**

| 市 | 县、区 | 耕地 | | 园地面积(亩) | 保护地面积(亩) |
|---|---|---|---|---|---|
| | | 旱地(亩) | 水田(亩) | | |
| 嘉兴 | 嘉善县 | 22 361 | 325 268 | 28 100 | 22 085 |
| | 市区 | 94 682 | 558 247 | 68 407 | 7 369 |
| | 平湖市 | 36 700 | 426 700 | 4 658 | 8 965 |
| | 海盐县 | 58 815 | 331 653 | 73 916 | 6 500 |
| | 海宁市 | 115 100 | 274 000 | 129 068 | 14 794 |
| | 桐乡市 | 151 300 | 430 000 | 168 278 | 11 054 |
| | 合计 | 478 958 | 2 345 868 | 472 427 | 70 767 |
| 杭州 | 市区(部分) | 22 409 | 34 700 | 23 338 | 3 731 |
| | 余杭区(部分) | 70 060 | 354 075 | 149 276 | 23 680 |
| | 合计 | 92 469 | 388 775 | 172 614 | 27 411 |
| 湖州 | 市区(部分) | 66 315 | 629 431 | 64 253 | 7 140 |
| | 德清县(部分) | 11 238 | 379 353 | 177 458 | 8 150 |
| | 合计 | 77 553 | 1 008 784 | 241 711 | 15 290 |

农田排污系数：$COD_{Cr}$取 10 kg/(亩·a)，氨氮取 2 kg/(亩·a)，总磷取 0.5 kg/(亩·a)，总氮取 7 kg/(亩·a)。

7. 污染源

浙江省杭嘉湖平原河网污染源统计见表 3.3.26 至表 3.3.33。

**表 3.3.26 杭嘉湖平原河网 COD 排放量**

单位：t/a

| 市 | 县、区 | 点源 | | 面源 | | | 合计 |
| --- | --- | --- | --- | --- | --- | --- | --- |
| | | 工业 | 城镇生活 | 畜禽水产 | 农村生活 | 农田 | |
| 嘉兴市 | 嘉善县 | 1 235 | 6 853 | 8 866 | 1 219 | 3 727 | 21 900 |
| | 市区 | 1 476 | 12 381 | 13 035 | 2 616 | 6 908 | 36 416 |
| | 平湖市 | 859 | 20 477 | 2 732 | 1 513 | 4 702 | 30 283 |
| | 海盐县 | 6 130 | 7 677 | 13 505 | 1 779 | 4 307 | 33 398 |
| | 海宁市 | 3 687 | 9 540 | 5 505 | 2 564 | 4 610 | 25 906 |
| | 桐乡市 | 4 122 | 8 856 | 2 874 | 2 442 | 6 710 | 25 004 |
| | 合计 | 17 509 | 65 784 | 46 517 | 12 133 | 30 964 | 172 907 |
| 杭州市 | 市区 | 30 464 | 162 889 | 8 023 | 3 195 | 5 833 | 210 404 |
| | 余杭区 | 1 537 | 5 840 | 5 160 | 2 493 | 4 639 | 19 669 |
| | 合计 | 32 001 | 168 729 | 13 183 | 5 688 | 10 472 | 230 073 |
| 湖州市 | 市区 | 2 730 | 21 310 | 8 677 | 3 894 | 7 314 | 43 925 |
| | 德清县 | 1 392 | 6 541 | 8 320 | 1 816 | 4 834 | 22 903 |
| | 合计 | 4 122 | 27 851 | 16 997 | 5 710 | 12 148 | 66 828 |
| 合计 | | 53 632 | 262 364 | 76 697 | 23 531 | 53 584 | 469 808 |

**表 3.3.27 杭嘉湖平原河网 COD 入河量**

单位：t/a

| 市 | 县、区 | 点源 | | 面源 | | | 合计 |
| --- | --- | --- | --- | --- | --- | --- | --- |
| | | 工业 | 城镇生活 | 畜禽水产 | 农村生活 | 农田 | |
| 嘉兴市 | 嘉善县 | 1 171 | 5 866 | 3 990 | 609 | 1 305 | 12 941 |
| | 市区 | 1 452 | 10 530 | 5 866 | 1 308 | 2 418 | 21 574 |
| | 平湖市 | 837 | 17 409 | 1 230 | 757 | 1 646 | 21 879 |
| | 海盐县 | 6 130 | 7 268 | 6 077 | 890 | 1 507 | 21 872 |
| | 海宁市 | 3 687 | 8 366 | 2 477 | 1 282 | 1 614 | 17 426 |
| | 桐乡市 | 3 845 | 7 721 | 1 293 | 1 221 | 2 348 | 16 428 |
| | 合计 | 17 122 | 57 160 | 20 933 | 6 067 | 10 838 | 112 120 |
| 杭州市 | 市区（部分） | 30 325 | 142 902 | 3 610 | 1 597 | 2 041 | 180 475 |
| | 余杭区（部分） | 1 412 | 5 042 | 2 322 | 1 246 | 1 623 | 11 645 |
| | 合计 | 31 737 | 147 944 | 5 932 | 2 843 | 3 664 | 192 120 |

续表

| 市 | 县、区 | 点源 | | 面源 | | | 合计 |
|---|---|---|---|---|---|---|---|
| | | 工业 | 城镇生活 | 畜禽水产 | 农村生活 | 农田 | |
| 湖州市 | 市区（部分） | 2 531 | 18 400 | 3 905 | 1 947 | 2 560 | 29 343 |
| | 德清县（部分） | 1 272 | 5 614 | 3 744 | 908 | 1 692 | 13 230 |
| | 合计 | 3 803 | 24 014 | 7 649 | 2 855 | 4 252 | 42 573 |
| 合计 | | 52 662 | 229 118 | 34 514 | 11 765 | 18 754 | 346 813 |

**表 3.3.28　杭嘉湖平原河网氨氮排放量**

单位：t/a

| 市 | 县、区 | 点源 | | 面源 | | | 合计 |
|---|---|---|---|---|---|---|---|
| | | 工业 | 城镇生活 | 畜禽水产 | 农村生活 | 农田 | |
| 嘉兴市 | 嘉善县 | 59 | 685 | 759 | 297 | 745 | 2 545 |
| | 市区 | 33 | 1 238 | 1 120 | 638 | 1 382 | 4 411 |
| | 平湖市 | 110 | 2 048 | 257 | 369 | 940 | 3 724 |
| | 海盐县 | 1 095 | 885 | 1 123 | 434 | 861 | 4 398 |
| | 海宁市 | 419 | 954 | 534 | 625 | 922 | 3 454 |
| | 桐乡市 | 240 | 886 | 263 | 596 | 1 342 | 3 327 |
| | 合计 | 1 956 | 6 696 | 4 056 | 2 959 | 6 192 | 21 859 |
| 杭州市 | 市区（部分） | 2 763 | 16 164 | 850 | 779 | 1 167 | 21 723 |
| | 余杭区（部分） | 51 | 584 | 450 | 608 | 928 | 2 621 |
| | 合计 | 2 814 | 16 748 | 1 300 | 1 387 | 2 095 | 24 344 |
| 湖州市 | 市区（部分） | 64 | 2 131 | 878 | 950 | 1 463 | 5 486 |
| | 德清县（部分） | 53 | 654 | 756 | 443 | 967 | 2 873 |
| | 合计 | 117 | 2 785 | 1 634 | 1 393 | 2 430 | 8 359 |
| 合计 | | 4 887 | 26 229 | 6 990 | 5 739 | 10 717 | 54 562 |

**表 3.3.29 杭嘉湖平原河网氨氮入河量**

单位:t/a

| 市 | 县、区 | 点源 | | 面源 | | | 合计 |
|---|---|---|---|---|---|---|---|
| | | 工业 | 城镇生活 | 畜禽水产 | 农村生活 | 农田 | |
| 嘉兴市 | 嘉善县 | 56 | 585 | 342 | 149 | 261 | 1 393 |
| | 市区 | 32 | 1 052 | 504 | 319 | 484 | 2 391 |
| | 平湖市 | 109 | 1 741 | 116 | 185 | 329 | 2 480 |
| | 海盐县 | 1 095 | 885 | 505 | 217 | 301 | 3 003 |
| | 海宁市 | 419 | 840 | 241 | 313 | 323 | 2 136 |
| | 桐乡市 | 240 | 787 | 118 | 298 | 470 | 1 913 |
| | 合计 | 1 951 | 5 890 | 1 826 | 1 481 | 2 168 | 13 316 |
| 杭州市 | 市区(部分) | 2 760 | 14 159 | 383 | 390 | 408 | 18 100 |
| | 余杭区(部分) | 51 | 510 | 202 | 304 | 325 | 1 392 |
| | 合计 | 2 811 | 14 669 | 585 | 694 | 733 | 19 492 |
| 湖州市 | 市区(部分) | 61 | 1 823 | 395 | 475 | 512 | 3 266 |
| | 德清县(部分) | 48 | 558 | 340 | 221 | 338 | 1 505 |
| | 合计 | 109 | 2 381 | 735 | 696 | 850 | 4 771 |
| 合计 | | 4 871 | 22 940 | 3 146 | 2 871 | 3 751 | 37 579 |

**表 3.3.30 杭嘉湖平原河网总磷排放量**

单位:t/a

| 市 | 县、区 | 点源 | | 面源 | | | 合计 |
|---|---|---|---|---|---|---|---|
| | | 工业 | 城镇生活 | 畜禽水产 | 农村生活 | 农田 | |
| 嘉兴市 | 嘉善县 | 0 | 86 | 541 | 33 | 186 | 846 |
| | 市区 | 0 | 155 | 833 | 70 | 345 | 1 403 |
| | 平湖市 | 2 | 256 | 180 | 41 | 235 | 714 |
| | 海盐县 | 0 | 96 | 877 | 48 | 215 | 1 236 |
| | 海宁市 | 9 | 119 | 332 | 69 | 231 | 760 |
| | 桐乡市 | 14 | 111 | 181 | 66 | 335 | 707 |
| | 合计 | 25 | 823 | 2 944 | 327 | 1 547 | 5 666 |
| 杭州市 | 市区(部分) | 695 | 2 245 | 381 | 86 | 292 | 3 699 |
| | 余杭区(部分) | 5 | 73 | 303 | 67 | 232 | 680 |
| | 合计 | 700 | 2 318 | 684 | 153 | 524 | 4 379 |

续表

| 市 | 县、区 | 点源 | | 面源 | | | 合计 |
|---|---|---|---|---|---|---|---|
| | | 工业 | 城镇生活 | 畜禽水产 | 农村生活 | 农田 | |
| 湖州市 | 市区（部分） | 6 | 266 | 527 | 104 | 366 | 1 269 |
| | 德清县（部分） | 3 | 82 | 505 | 49 | 242 | 881 |
| | 合计 | 9 | 348 | 1 032 | 153 | 608 | 2 150 |
| 合计 | | 734 | 3 489 | 4 660 | 633 | 2 679 | 12 195 |

**表 3.3.31　杭嘉湖平原河网总磷入河量**

单位：t/a

| 市 | 县、区 | 点源 | | 面源 | | | 合计 |
|---|---|---|---|---|---|---|---|
| | | 工业 | 城镇生活 | 畜禽水产 | 农村生活 | 农田 | |
| 嘉兴市 | 嘉善县 | 0 | 73 | 243 | 16 | 65 | 397 |
| | 市区 | 0 | 132 | 375 | 35 | 121 | 663 |
| | 平湖市 | 2 | 218 | 81 | 20 | 82 | 403 |
| | 海盐县 | 0 | 82 | 395 | 24 | 75 | 576 |
| | 海宁市 | 9 | 102 | 149 | 34 | 81 | 375 |
| | 桐乡市 | 14 | 96 | 81 | 33 | 117 | 341 |
| | 合计 | 25 | 703 | 1324 | 162 | 541 | 2 755 |
| 杭州市 | 市区（部分） | 695 | 2 015 | 171 | 43 | 102 | 3 026 |
| | 余杭区（部分） | 5 | 63 | 137 | 33 | 81 | 319 |
| | 合计 | 700 | 2 078 | 308 | 76 | 183 | 3 345 |
| 湖州市 | 市区（部分） | 6 | 228 | 237 | 52 | 128 | 651 |
| | 德清县（部分） | 3 | 70 | 227 | 24 | 85 | 409 |
| | 合计 | 9 | 298 | 464 | 76 | 213 | 1 060 |
| 合计 | | 734 | 3 079 | 2 096 | 314 | 937 | 7 160 |

**表 3.3.32 杭嘉湖平原河网总氮排放量**

单位：t/a

| 市 | 县、区 | 点源 | | 面源 | | | 合计 |
|---|---|---|---|---|---|---|---|
| | | 工业 | 城镇生活 | 畜禽水产 | 农村生活 | 农田 | |
| 嘉兴市 | 嘉善县 | 103 | 47 | 1 504 | 372 | 2 609 | 4 635 |
| | 市区 | 0 | 7 103 | 2 243 | 798 | 4 836 | 14 980 |
| | 平湖市 | 0 | 981 | 495 | 461 | 3 291 | 5 228 |
| | 海盐县 | 0 | 2 445 | 2 316 | 542 | 3 015 | 8 318 |
| | 海宁市 | 1 030 | 752 | 966 | 782 | 3 227 | 6757 |
| | 桐乡市 | 409 | 1 138 | 486 | 744 | 4 697 | 7 474 |
| | 合计 | 1 542 | 12 466 | 8010 | 3 699 | 21 675 | 47 392 |
| 杭州市 | 市区(部分) | 4 496 | 10 476 | 1 388 | 974 | 4 083 | 21 417 |
| | 余杭区(部分) | 87 | 1 086 | 971 | 760 | 3 247 | 6 151 |
| | 合计 | 4 583 | 11 562 | 2 359 | 1 734 | 7 330 | 27 568 |
| 湖州市 | 市区(部分) | 106 | 273 | 1 436 | 1 187 | 5 120 | 8 122 |
| | 德清县(部分) | 0 | 6 595 | 1 427 | 554 | 3 384 | 11 960 |
| | 合计 | 106 | 6 868 | 2 863 | 1 741 | 8 504 | 20 082 |
| 合计 | | 6 231 | 30 896 | 13 232 | 7 174 | 37 509 | 95 042 |

**表 3.3.33 杭嘉湖平原河网总氮入河量**

单位：t/a

| 市 | 县、区 | 点源 | | 面源 | | | 合计 |
|---|---|---|---|---|---|---|---|
| | | 工业 | 城镇生活 | 畜禽水产 | 农村生活 | 农田 | |
| 嘉兴市 | 嘉善县 | 103 | 47 | 677 | 186 | 913 | 1 926 |
| | 市区 | 0 | 6 038 | 1 009 | 399 | 1 693 | 9 139 |
| | 平湖市 | 0 | 834 | 223 | 231 | 1 152 | 2 440 |
| | 海盐县 | 0 | 2 078 | 1 042 | 271 | 1 055 | 4 446 |
| | 海宁市 | 1 030 | 711 | 435 | 391 | 1 130 | 3 697 |
| | 桐乡市 | 409 | 1 026 | 219 | 372 | 1 644 | 3 670 |
| | 合计 | 1 542 | 10 734 | 3 605 | 1 850 | 7 587 | 25 318 |
| 杭州市 | 市区(部分) | 4 496 | 9 594 | 624 | 487 | 1 429 | 16 630 |
| | 余杭区(部分) | 87 | 946 | 437 | 380 | 1 136 | 2 986 |
| | 合计 | 4 583 | 10 540 | 1 061 | 867 | 2 565 | 19 616 |

续表

| 市 | 县、区 | 点源 | | 面源 | | | 合计 |
|---|---|---|---|---|---|---|---|
| | | 工业 | 城镇生活 | 畜禽水产 | 农村生活 | 农田 | |
| 湖州市 | 市区(部分) | 106 | 273 | 646 | 594 | 1 792 | 3 411 |
| | 德清县(部分) | 0 | 5 606 | 642 | 277 | 1 184 | 7 709 |
| | 合计 | 106 | 5 879 | 1 288 | 871 | 2 976 | 11 120 |
| 合计 | | 6 231 | 27 153 | 5 954 | 3 588 | 13 128 | 56 054 |

### 3.3.1.5 上海市太湖流域污染源调查

1. 污水处理厂

到 2009 年底，上海市共有城镇污水处理厂 52 座，总处理能力为 686.5 万 t/d，比上年净增加 14.25 万 t/d。2009 年全市城镇污水处理厂处理能力为 497.59 万 t/d，比上年增加 16.41 万 t/d，见表 3.3.34。全市城镇污水处理率为 78.9%。

**表 3.3.34 2009 年上海市城镇污水处理概况表**

| 项目\服务区域 | 中心城区 | 郊区城镇 | 合计 |
|---|---|---|---|
| 污水处理厂数量(座) | 14 | 38 | 52 |
| 设计处理能力(万 t/d) | 510.70 | 175.80 | 686.50 |
| 实际处理量(万 t/d) | 379.03 | 118.56 | 497.59 |
| 城镇污水产生量(万 t/d) | 436.54 | 193.95 | 630.49 |
| 城镇污水处理率(%) | 86.8 | 61.1 | 78.9 |

其中，在黄浦江上游水源保护区内的污水处理厂有 12 座，设计处理能力为 39.6 万 t/d。

2. 城镇生活污水

上海市交界三区的城镇常住人口数据详见表 3.3.35。城镇生活污水入河系数取 0.6。

**表 3.3.35 上海市交界三区的城镇常住人口**

| 区 | 城镇常住人口(万人) |
|---|---|
| 青浦区 | 81.55 |
| 嘉定区 | 110.54 |

续表

| 区 | 城镇常住人口(万人) |
| --- | --- |
| 金山区 | 69.10 |
| 合计 | 261.19 |

城镇生活排污系数范围：$COD_{Cr}$取 70～90 g/(人·d)，氨氮取 8～10 g/(人·d)，总磷取 0.9～1.2 g/(人·d)，总氮取 11～15 g/(人·d)。

3. 畜禽水产

上海市交界三区养殖数据详见表 3.3.36。

**表 3.3.36 上海交界三区畜禽水产数据**

| 区 | 畜牧业生产情况(年末存栏) | | | | | 水产品产量 | | |
| --- | --- | --- | --- | --- | --- | --- | --- | --- |
| | 生猪(万头) | 牛(万头) | 羊(万只) | 家禽(万羽) | 肉鸽(万只) | 总产量(t) | 其中：养殖 面积($hm^2$) | 其中：养殖 产量(t) |
| 青浦区 | 7.84 | — | 0.47 | 20.10 | 13.93 | 53 094 | 22 690 | 26 027 |
| 嘉定区 | 24.00 | — | — | — | — | 31 965 | 26 000 | 24 568 |
| 金山区 | 19.99 | 0.40 | — | 584.54 | — | 151 892 | 28 600 | 17 600 |
| 合计 | 51.83 | 0.40 | 0.47 | 604.64 | 13.93 | 236 951 | 77 290 | 68 195 |

4. 农村生活污水

上海市交界三区农村常住人口数据详见表 3.3.37。

**表 3.3.37 上海市交界三区的农村常住人口**

| 区 | 农村常住人口(万人) |
| --- | --- |
| 青浦区 | 25.25 |
| 嘉定区 | 10.00 |
| 金山区 | 12.45 |
| 合计 | 47.70 |

农村生活污水入河系数取 0.5。农村生活排污系数：$COD_{Cr}$取 16.4 g/(人·d)，氨氮取 4 g/(人·d)，总磷取 0.44 g/(人·d)，总氮取 5 g/(人·d)。

5. 农田

上海市交界三区耕地面积情况详见表 3.3.38。

**表 3.3.38　上海市交界三区耕地面积情况**

单位：亩

| 区 | 耕地面积 | | |
|---|---|---|---|
| | 总面积 | ①旱地 | ②水田 |
| 青浦区 | 577 716.4 | 317 744.0 | 259 976.4 |
| 嘉定区 | 310 000.0 | 240 000.0 | 70 000.0 |
| 金山区 | 394 029.9 | 216 716.4 | 177 313.5 |
| 合计 | 1 281 746.3 | 774 460.4 | 507 289.9 |

农田排污系数：$COD_{Cr}$取 10 kg/(亩·a)，氨氮取 2 kg/(亩·a)，总磷取 0.5 kg/(亩·a)，总氮取 7 kg/(亩·a)。

### 6. 污染源统计

上海市交界三区的污染源统计见表 3.3.39 至表 3.3.46。

**表 3.3.39　上海市交界三区 COD 排放量**

单位：t/a

| 区 | 点源 | | 面源 | | | 合计 |
|---|---|---|---|---|---|---|
| | 工业 | 城镇生活 | 畜禽水产 | 农村生活 | 农田 | |
| 青浦区(部分) | 4 044.90 | 12 564.82 | 237.69 | 1 817.35 | 2 768.41 | 21 433.17 |
| 嘉定区(部分) | 1 154.90 | 5 280.84 | 67.87 | 518.89 | 790.44 | 7 812.94 |
| 金山区(部分) | 1 398.60 | 4 288.74 | 82.18 | 628.38 | 957.23 | 7 355.13 |
| 合计 | 6 598.40 | 22 134.40 | 387.74 | 2 964.62 | 4 516.08 | 36 601.24 |

**表 3.3.40　上海市交界三区 COD 入河量**

单位：t/a

| 区 | 点源 | | 面源 | | | 合计 |
|---|---|---|---|---|---|---|
| | 工业 | 城镇生活 | 畜禽水产 | 农村生活 | 农田 | |
| 青浦区(部分) | 3 235.92 | 8 824.66 | 127.79 | 792.50 | 276.84 | 13 257.71 |
| 嘉定区(部分) | 923.92 | 3 535.62 | 36.48 | 259.45 | 79.04 | 4 834.51 |
| 金山区(部分) | 1 118.88 | 3 017.82 | 44.19 | 62.84 | 95.72 | 4 339.45 |
| 合计 | 5 278.72 | 15 378.10 | 208.46 | 1 114.79 | 451.60 | 22 431.67 |

**表 3.3.41　上海市交界三区氨氮排放量**

单位：t/a

| 区 | 点源 | | 面源 | | | 合计 |
|---|---|---|---|---|---|---|
| | 工业 | 城镇生活 | 畜禽水产 | 农村生活 | 农田 | |
| 青浦区(部分) | 470.63 | 1 256.49 | 25.59 | 443.25 | 553.68 | 2 749.64 |
| 嘉定区(部分) | 134.38 | 528.08 | 7.31 | 126.56 | 158.09 | 954.42 |

续表

| 区 | 点源 | | 面源 | | | 合计 |
|---|---|---|---|---|---|---|
| | 工业 | 城镇生活 | 畜禽水产 | 农村生活 | 农田 | |
| 金山区(部分) | 162.73 | 428.87 | 12.32 | 153.26 | 191.45 | 948.63 |
| 合计 | 767.74 | 2 213.44 | 45.22 | 723.07 | 903.22 | 4 652.69 |

**表 3.3.42 上海市交界三区氨氮入河量**

单位:t/a

| 区 | 点源 | | 面源 | | | 合计 |
|---|---|---|---|---|---|---|
| | 工业 | 城镇生活 | 畜禽水产 | 农村生活 | 农田 | |
| 青浦区(部分) | 376.51 | 882.47 | 13.83 | 162.42 | 55.37 | 1 490.60 |
| 嘉定区(部分) | 107.50 | 353.56 | 3.95 | 63.28 | 15.81 | 544.10 |
| 金山区(部分) | 130.18 | 301.79 | 7.55 | 15.33 | 19.14 | 473.99 |
| 合计 | 614.19 | 1 537.82 | 25.33 | 241.03 | 90.32 | 2 508.69 |

**表 3.3.43 上海市交界三区总氮排放量**

单位:t/a

| 区 | 点源 | | 面源 | | | 合计 |
|---|---|---|---|---|---|---|
| | 工业 | 城镇生活 | 畜禽水产 | 农村生活 | 农田 | |
| 青浦区(部分) | 419.76 | 2 849.05 | 49.21 | 554.07 | 2 171.49 | 6 043.58 |
| 嘉定区(部分) | 119.85 | 1 067.46 | 14.05 | 158.20 | 620.01 | 1 979.57 |
| 金山区(部分) | 145.14 | 976.75 | 17.01 | 191.58 | 750.83 | 2 081.31 |
| 合计 | 684.75 | 4 893.26 | 80.27 | 903.85 | 3 542.33 | 10 104.46 |

**表 3.3.44 上海市交界三区总氮入河量**

单位:t/a

| 区 | 点源 | | 面源 | | | 合计 |
|---|---|---|---|---|---|---|
| | 工业 | 城镇生活 | 畜禽水产 | 农村生活 | 农田 | |
| 青浦区(部分) | 335.81 | 2 095.16 | 25.79 | 578.74 | 217.15 | 3 252.65 |
| 嘉定区(部分) | 95.88 | 750.61 | 7.36 | 79.10 | 62.00 | 994.95 |
| 金山区(部分) | 116.11 | 719.43 | 8.92 | 19.16 | 75.08 | 938.70 |
| 合计 | 547.80 | 3 565.20 | 42.07 | 677.00 | 354.23 | 5 186.30 |

表 3.3.45 上海市交界三区总磷排放量

单位:t/a

| 区 | 点源 | | 面源 | | | 合计 |
|---|---|---|---|---|---|---|
| | 工业 | 城镇生活 | 畜禽水产 | 农村生活 | 农田 | |
| 青浦区(部分) | 27.98 | 136.25 | 25.63 | 48.76 | 141.18 | 379.80 |
| 嘉定区(部分) | 7.99 | 41.02 | 7.32 | 13.92 | 40.31 | 110.56 |
| 金山区(部分) | 9.68 | 47.03 | 8.86 | 16.86 | 48.82 | 131.25 |
| 合计 | 45.65 | 224.30 | 41.81 | 79.54 | 230.31 | 621.61 |

表 3.3.46 上海市交界三区总磷入河量

单位:t/a

| 区 | 点源 | | 面源 | | | 合计 |
|---|---|---|---|---|---|---|
| | 工业 | 城镇生活 | 畜禽水产 | 农村生活 | 农田 | |
| 青浦区(部分) | 22.39 | 107.47 | 13.02 | 38.26 | 14.12 | 195.26 |
| 嘉定区(部分) | 6.39 | 31.95 | 3.72 | 6.96 | 4.03 | 53.05 |
| 金山区(部分) | 7.74 | 37.12 | 4.50 | 1.69 | 4.88 | 55.93 |
| 合计 | 36.52 | 176.54 | 21.24 | 46.91 | 23.03 | 304.24 |

## 3.3.2 点源风险评估指标体系

### 3.3.2.1 指标体系

太湖流域水环境风险评估(点源)指标构建过程要遵循完整性、综合性、可比性、实用性原则。风险事件是由风险产生、风险控制、受体暴露等因素所构成的系统。风险的存在是由风险源、环境控制机制、风险受体三个因素共同作用的。因此,要从风险源、环境控制机制、风险受体三个方面综合评价企业的水环境风险。

在充分调研国内外水环境风险源评估技术的基础上,通过多轮会议咨询专家意见,完成了太湖流域水环境点源风险评估指标的筛选,最终构建了太湖流域水环境点源风险评估指标体系(三级、16个指标),评价指标涵盖了废水综合毒性、受纳水体的生物多样性等。利用层次分析法和专家打分法确定了各指标的权重。在充分考虑了指标的可比性和数据的可获取性后,选择了16个风险评价指标,指标量化采用4分制,评分越小说明风险程度越低,见表3.3.47。

**表 3.3.47 太湖流域水环境点源风险评估指标体系**

| 指标 | | Ⅰ级 | Ⅱ级 | Ⅲ级 | Ⅳ级 |
|---|---|---|---|---|---|
| 风险源 | 企业行业类别 | 化工、石化 | 电镀、医药工业、金属冶炼 | 机械制造、危险品贮存、建筑施工、交通运输 | 其他 |
| | 企业工艺水平 | 国内落后 | 国内平均 | 国内先进 | 国际先进 |
| | 污水排放量($m^3/d$) | >2 000 | 1 000～2 000 | 200～1 000 | <200 |
| | 污水水质复杂程度 | 复杂 | 中等 | 简单 | 不排放 |
| | 废水达标排放率 | ≤90% | (90%,95%] | (95%,100%) | 100% |
| | 雨污是否纳管 | 雨污都不纳管 | 雨水直排,污水纳管 | 雨污纳管 | 其他 |
| | 危险物质存量系数 | ≥5 | [3,5) | (1,3) | ≤1 |
| | 企业环境不良记录 | 有违法排污、事故排放等不良记录 | 无不良记录 | | |
| | 废水综合毒性分级(PEEP) | >4 | (3,4] | (2,3] | [0,2] |
| 控制机制 | 企业环境风险防范体系 | 应急预案和环境风险评价专章两项皆无 | 应急预案或环境风险评价专章两项中仅有一项 | 编制应急预案且编制环境风险评价专章 | |
| | 受纳水体水质达标率(%) | ≤75% | (75%,80%] | (80%,85%) | ≥85% |
| | 区域监控断面情况 | 无例行监控 | 人工例行监控 | 自动在线监控(常规指标) | 自动在线监控(常规指标及特征指标) |
| 受体 | 受纳水体生物多样性指数 | [0,1] | (1,2] | (2,3] | >3 |
| | 饮用水源地 | 取水口 | 一级保护区 | 二级保护区 | 非水源地保护区 |
| | 生态功能区划 | 特殊生态功能优先保护区 | 生态功能维护与适度开发区 | 生态功能敏感与控制开发区 | 生态功能恢复与引导开发区 |
| | 人口密度(人/$km^2$) | 高密度 | 中密度 | 低密度 | 无居住区 |
| 分值 | | 4 | 3 | 2 | 1 |

### 3.3.2.2 指标解释

1. 企业行业类别

根据不同行业固有风险度的不同,将企业按照行业类别分为四个风险等级,如表 3.3.48 所示。

表 3.3.48　企业行业类别及分值

| 企业行业类别 | 化工、石化 | 电镀、医药工业、金属冶炼 | 机械制造、危险品贮存、建筑施工、交通运输 | 其他 |
|---|---|---|---|---|
| 分值 | 4 | 3 | 2 | 1 |

### 2. 企业工艺水平

根据企业所用工艺是否先进划分成四个等级，如表 3.3.49 所示。

表 3.3.49　企业工艺水平分类

| 企业工艺水平 | 国内落后 | 国内平均 | 国内先进 | 国际先进 |
|---|---|---|---|---|
| 分值 | 4 | 3 | 2 | 1 |

### 3. 污水水质复杂程度

根据污染物在水环境中输移、衰减特点以及它们的预测模式，将污染物分为持久性污染物、非持久性污染物、酸和碱、热污染四个类型。

复杂：污染物类型数大于等于 3，或者只含有两种类型的污染物但主要的水污染物数目大于等于 10；

中等：污染物类型数等于 2，且主要的水污染物数目小于 10，或者只含有一种类型的污染物，但主要的水污染物数目大于等于 7；

简单：只含有一种类型的污染物，且主要的水污染物数目小于 7。

各复杂程度分值见表 3.3.50。

表 3.3.50　企业污水水质复杂程度分类

| 污水水质复杂程度 | 复杂 | 中等 | 简单 | 不排放 |
|---|---|---|---|---|
| 分值 | 4 | 3 | 2 | 1 |

### 4. 废水达标排放率

是指工业废水达标排放量占工业废水排放总量的百分比。工业废水排放量大，约占城镇污水排放量的 70%，且工业企业生产过程中排出的废水常含一些有毒有害物质，如果排放到河流中的废水水质不达标将会严重污染下游居民的饮用水源。工业废水排放达标率的国际标准为 100%。本书将其分为四个等级：100%、(95%，100%)、(90%，95%]、≤90%，详见表 3.3.51。

表 3.3.51　废水达标排放率

| 废水排放达标率 | ≤90% | (90%,95%] | (95%,100%) | 100% |
|---|---|---|---|---|
| 分值 | 4 | 3 | 2 | 1 |

5. 危险物质存量系数

根据《危险化学品重大危险源辨识》(GB 18218—2018),确定各类危险物质的临界量,通过系统内危险物质的日常存量与临界量之比得出危险物质系统内存量系数。若企业内部危险物质的种类为多种时,按照下面公式进行计算:

$$S = \sum_{i=1}^{n} \frac{q_i}{Q_i} \tag{3-10}$$

式中:$S$ 为危险物质系统内存量系数;$n$ 为系统内危险物质的种类数;$q_i$ 为第 $i$ 种物质在系统内的日常最大存量;$Q_i$ 为《危险化学品重大危险源辨识》(GB 18218—2018)中该类物质在储存区/生产场所的临界量。

6. 企业环境不良记录

以企业是否具有违法排污、事故排放作为不良记录指标的评估依据。

7. 废水综合性分级

在借鉴潜在毒性效应指数($PEEP$)基础上,根据毒性测试结果,确立了综合毒性分级计算模式。

$PEEP$ 计算公式如下:

$$THL_i = \frac{LOEC_i \times NOEC_i}{2} \tag{3-11}$$

$$T_i = 100/THL_i \tag{3-12}$$

$$PEEP = \log[\,1 + n(\sum T_i/N)Q\,] \tag{3-13}$$

式中:$THL_i$ 为有害物质 $i$ 的阈值,$v/v\%$;$LOEC_i$ 为有害物质 $i$ 的最小影响浓度,$v/v\%$;$NOEC_i$ 为有害物质 $i$ 的最大无作用浓度,$v/v\%$;$T_i$ 为有害物质 $i$ 的毒性,TU;$n$ 为表示毒性(或遗传毒性)的阳性测定数;$N$ 为实施的生物测定数;$Q$ 为排水流量,$m^3/s$。

8. 企业环境风险防范体系

以企业应急预案和环境风险评价专章的编制情况作为指标评价依据。

9. 受纳水体水质达标率

受纳水体水质达标率是指地表水认证断面监测结果按相应水体功能标准衡量，不同水环境功能水质达标率的平均值。水域功能区水质达标率是考核该地区地表水水质状况的重要指标，是考核不同水域水质是否满足使用要求的重要指标。将受纳水体水质达标率分为四个等级：≥85%、(80%，85%)、(75%，80%]、≤75%。

10. 区域监控断面情况

分为四个等级：自动监测（常规指标及特征指标例行监测）、自动监测（常规指标）、人工例行监测、无。

11. 受纳水体生物多样性指数

生物多样性采用 Shannon-Wiener 指数（$H'$）进行评价，计算公式如下：

$$H' = \sum_{i=1}^{n}\left(\frac{n_i}{n}\right)\log_2\left(\frac{n_i}{n}\right) \tag{3-14}$$

式中：$n_i$ 为样品中第 $i$ 种生物的个体数；$n$ 为样品中生物总个体数。

Shannon-Wiener 指数来源于信息理论，它的计算公式表明，群落中生物种类增多代表了群落的复杂程度增高，即 $H'$ 值愈大，群落所含的信息量愈大。Shannon-Wiener 指数分级评价标准见表 3.3.52。

**表 3.3.52 生物多样性指数**

| 指数范围 | $0\leqslant H'\leqslant 1$ | $1<H'\leqslant 2$ | $2<H'\leqslant 3$ | $H'>3$ |
|---|---|---|---|---|
| 级别 | 匮乏 | 一般 | 较丰富 | 丰富 |
| 分值 | 1 | 2 | 3 | 4 |

12. 饮用水源地

该指标显示的是受纳河流下游有无饮用水源地，饮用水源的保护等级越高，污染事故发生后引起的影响就越大，风险度也就越高。

13. 生态功能区划

区域生态功能分区类别及特征见表 3.3.53。

**表 3.3.53 区域生态功能分区类别及特征**

| 生态功能区类别 | 生态环境特征及主要问题 |
|---|---|
| Ⅰ特殊生态功能优先保护区 | 该区主要是指一些重要的自然保护区或水源地、清水通道等，区域内的生态敏感性很强，外界的干扰很容易对该区生态环境的完整性和稳定性造成破坏，不利于区域的生态安全的构建 |
| Ⅱ生态功能维护与适度开发区 | 生态功能维护与适度开发区主要是从社会经济、人类活动的开发强度上分析，该区开发力度不大，污染源相对较少，生态敏感性不强，有适度开发的空间和余地 |
| Ⅲ生态敏感与控制开发区 | 生态功能敏感与控制开发区的生态敏感程度和环境压力具有双重性。该区人类活动强度较大，土地开发程度高，环境存在一定的压力，另外由于一些珍稀物种和森林湿地等典型生态系统易被损害，导致该区生态敏感性也较强 |
| Ⅳ生态功能恢复与引导开发区 | 生态功能恢复与引导开发区主要是指区域生态系统的承载力已经达到极值，四周环境受外界影响破坏程度严重，如果继续大力开发，生态环境将会继续恶化，最后导致恢复困难 |

14. 人口密度

指点源周边居住的人口量，以人口密度计。环境污染事故暴发后污染物进入水体，若导致饮用水源污染则可能会对依赖该取水口的人口造成影响，进而引发健康危害效应。高密度的人口居住区可能遭受更多的损害，因而易损性高。

该指标目前并没有明确统一标准，研究区域不同可选择不同的标准对指标进行分级，本书采用的人口居住密度分级如表 3.3.54 所示。

**表 3.3.54 人口居住密度分级表**

| 项目 | 高密度 | 中密度 | 低密度 | 无人居住 |
|---|---|---|---|---|
| 人口居住密度(人/$km^2$) | ≥1 500 | 600～1 500 | ≤600 | 0 |

### 3.3.2.3 指标权重

由于各指标要素对于风险源潜在风险的贡献不同，因此，首先要确定不同指标的权重，确定不同指标对于风险源潜在风险的贡献程度。为了保证权重确定的合理性，在听取各方面意见后，采用专家评分法与层次分析法(AHP)相结合的方式来确

定各指标的权重。

最后得到点源环境指标体系指标权重如表 3.3.55 所示。

**表 3.3.55　点源环境指标体系指标权重**

<table>
<tr><th>A层</th><th>B层</th><th>A-B层权重</th><th>C层</th><th>B-C层权重</th><th>A-C层权重</th></tr>
<tr><td rowspan="16">区域环境风险综合指数</td><td rowspan="9">风险源</td><td rowspan="9">0.491</td><td>企业行业类别</td><td>0.045</td><td>0.022</td></tr>
<tr><td>行业工艺水平</td><td>0.041</td><td>0.020</td></tr>
<tr><td>污水排放量</td><td>0.063</td><td>0.031</td></tr>
<tr><td>污水水质复杂程度</td><td>0.217</td><td>0.107</td></tr>
<tr><td>废水达标排放率</td><td>0.203</td><td>0.100</td></tr>
<tr><td>雨污是否纳管</td><td>0.023</td><td>0.001</td></tr>
<tr><td>危险物质存量系数</td><td>0.149</td><td>0.073</td></tr>
<tr><td>企业环境不良记录</td><td>0.134</td><td>0.066</td></tr>
<tr><td>废水综合毒性分级</td><td>0.115</td><td>0.056</td></tr>
<tr><td rowspan="3">控制机制</td><td rowspan="3">0.358</td><td>企业环境风险防范体系</td><td>0.192</td><td>0.069</td></tr>
<tr><td>受纳水体水质达标率</td><td>0.125</td><td>0.450</td></tr>
<tr><td>区域监控断面情况</td><td>0.683</td><td>0.245</td></tr>
<tr><td rowspan="4">受体</td><td rowspan="4">0.151</td><td>受纳水体生物多样性指数</td><td>0.303</td><td>0.046</td></tr>
<tr><td>饮用水源地</td><td>0.340</td><td>0.051</td></tr>
<tr><td>生态功能区划</td><td>0.283</td><td>0.043</td></tr>
<tr><td>人口密度</td><td>0.174</td><td>0.026</td></tr>
</table>

### 3.3.2.4　评估结果分级标准

首先根据环境风险复合系统的特征确定指标体系及划分依据，进行单因子分级评分；在各单因子分级评分的基础上，通过直接叠加或者加权叠加求出点源风险综合指数；然后对点源风险综合指数进行分级，确定点源风险等级。

采用以下公式进行综合评价法分析：

$$M=\sum_{j=1}^{n}K_jM_j \tag{3-15}$$

式中：$M$ 为系统分值；$K_j$ 为子系统权重系数；$M_j$ 为子系统评价分值；$n$ 为分系统数目。

对太湖流域点源进行综合评价值的计算，综合评价值的分级方法见表 3.3.56。

表 3.3.56 太湖流域环境点源风险分级表

| 综合评价值 | 3<M≤4 | 2<M≤3 | M≤2 |
|---|---|---|---|
| 风险区划等级 | 高风险区(Ⅰ级) | 中风险区(Ⅱ级) | 低风险区(Ⅲ级) |

## 3.3.3 太湖流域点源风险评估结果

太湖流域中的污染点源主要包括流域内废水污染企业以及区域污水处理厂。以嘉善区域污水处理厂为例，嘉善地区现有三个污水处理厂，在边界条件和内部面源正常情况下，假设区域内所有污水处理厂污水未经处理事故排放，连续排放 3 小时，通过水环境风险事件的水环境模拟，以陆斜塘水源地为例，其水环境模拟所得的水环境风险指标值见表 3.3.57，计算得到的污染等级见表 3.3.58。从中可以发现：①从风险评价因子来看，陆斜塘水源地的氨氮的风险等级与 COD 风险等级基本一致，但是风险评分略高；②从不同水期来看，丰水期(8 月)较平水期(4 月)和枯水期(12 月)相比风险等级较高；③污水处理厂同时事故排放均为低风险，故以下不再将污水处理厂作为点源进行风险评估。

表 3.3.57 陆斜塘水源地风险指标模拟值

| 月份 | COD | | | 氨氮 | | |
|---|---|---|---|---|---|---|
| | 最大水质超标倍数 | 超标持续时间(h) | 污染团到达时间(h) | 最大水质超标倍数 | 超标持续时间(h) | 污染团到达时间(h) |
| 4 月 | 0.126 | 5 | 9.6 | 1.26 | 10 | 9.6 |
| 8 月 | 0.260 | 7 | 6.4 | 1.38 | 11 | 6.4 |
| 12 月 | 0.262 | 9 | 12.8 | 1.77 | 8 | 12.8 |

表 3.3.58 陆斜塘水源地 COD、氨氮风险评价表

| 风险源 | COD | | | 氨氮 | | |
|---|---|---|---|---|---|---|
| | 4 月 | 8 月 | 12 月 | 4 月 | 8 月 | 12 月 |
| 污水处理厂 | 低风险 | 低风险 | 低风险 | 低风险 | 低风险 | 低风险 |

### 3.3.3.1 江苏省

在对相关参数进行调查、计算的基础上，得出江苏省太湖流域 8 721 家企业的综

合评价值，根据风险等级进行划分，其中高风险企业805家（占企业总数的9.2%）、中风险企业3 648家（占企业总数的41.8%），低风险企业4 268（占企业总数的49.0%）。

企业风险评估分级汇总情况见表3.3.59，高、中、低风险企业地区分布情况见表3.3.60，其中高风险企业行业分布情况见表3.3.61。

**表3.3.59　江苏省太湖流域企业风险评估分级汇总情况**

| 风险等级 | 企业数量（个） | 所占比例（%） |
|---|---|---|
| 高风险 | 805 | 9.2 |
| 中风险 | 3 648 | 41.8 |
| 低风险 | 4 268 | 49.0 |
| 合计 | 8 721 | 100 |

**表3.3.60　江苏省太湖流域风险企业地区分布情况**

单位：个

| 风险等级 | 无锡 | 苏州 | 常州 | 南京 | 镇江 |
|---|---|---|---|---|---|
| 高风险 | 198 | 353 | 230 | 1 | 23 |
| 中风险 | 1 049 | 1 479 | 956 | 6 | 157 |
| 低风险 | 1 596 | 1 528 | 861 | 25 | 259 |
| 合计 | 2 843 | 3 360 | 2 047 | 32 | 439 |

由表3.3.61可见，苏南地区高风险企业主要涉及化工、印染、电镀等行业。

**表3.3.61　苏南地区高风险企业的行业分布情况**

| 序号 | 行业 | 企业数量（个） | 所占比例（%） |
|---|---|---|---|
| 1 | 化工 | 453 | 56.3 |
| 3 | 印染 | 264 | 32.8 |
| 2 | 电镀 | 49 | 6.1 |
| 4 | 金属冶炼 | 12 | 1.5 |
| 5 | 医药 | 4 | 0.5 |
| 6 | 其他 | 23 | 2.8 |
| 合计 | | 805 | 100.0 |

### 3.3.3.2 浙江省

结合2009年污染源普查资料可知，浙江省太湖流域共有废水排放企业4 379家，其中废水排放量100 t/a以上的的企业数量为4 343家，占企业总数的99.2%。在对相关参数进行调查、计算的基础上，得出浙江省太湖流域4 343家企业的综合评价值，根据风险等级进行划分，其中高风险企业314家(占企业总数的7.2%)、中风险企业1 620家(占企业总数的37.3%)，低风险企业2 409(占企业总数的55.5%)。

企业风险评估分级汇总情况见表3.3.62，高、中、低风险企业地区分布情况见表3.3.63，其中高风险企业行业分布情况见表3.3.64。

**表3.3.62 浙江省太湖流域企业风险评估分级汇总情况**

| 风险等级 | 企业数量(个) | 所占比例(%) |
|---|---|---|
| 高风险 | 313 | 7.2 |
| 中风险 | 1 621 | 37.3 |
| 低风险 | 2 409 | 55.5 |
| 合计 | 4 343 | 100 |

**表3.3.63 浙江省太湖流域风险企业地区分布情况**

| 风险等级 | 企业数量(个) | | |
|---|---|---|---|
| | 杭州 | 嘉兴 | 湖州 |
| 高风险 | 209 | 39 | 65 |
| 中风险 | 732 | 552 | 337 |
| 低风险 | 646 | 1 136 | 627 |
| 合计 | 1 587 | 1 727 | 1 029 |

由表3.3.64可见，浙江省太湖流域的高风险企业主要涉及化工、印染行业。

**表3.3.64 浙江省太湖流域太湖流域高风险企业的行业分布情况**

| 序号 | 行业 | 企业数量(个) | 所占比例(%) |
|---|---|---|---|
| 1 | 化工 | 47 | 15.0 |
| 2 | 印染、造纸 | 255 | 81.5 |
| 3 | 其他 | 11 | 3.5 |
| 合计 | | 313 | 100 |

### 3.3.3.3 上海市

根据风险评估结果，确定上海市太湖流域环境污染风险企业共 513 家，其中：高风险企业 104 家，占企业总数的 20.3%；低风险企业 103 家，占企业总数的 20.1%；其余为中风险企业，共计 306 家，占企业总数的 59.6%。

### 3.3.3.4 太湖流域点源风险评估结果

对太湖流域共 13577 家废水排放企业进行评估，并根据风险等级进行划分，其中高风险企业 1 222 家、中风险企业 5 575 家、低风险企业 6 780 家，分别占企业总数的 9.0%、41.1%和 49.9%，详见表 3.3.65。高、中、低风险企业的具体分布情况见图 3.3.2 至图 3.3.4，其中高风险企业主要分布在化工、印染等行业。

**表 3.4.65　太湖流域点源风险评估结果汇总**

| 风险等级 | 企业数量(个) | 所占比例(%) |
|---|---|---|
| 高风险 | 1 222 | 9.0 |
| 中风险 | 5 575 | 41.1 |
| 低风险 | 6 780 | 49.9 |
| 合计 | 13 577 | 100.0 |

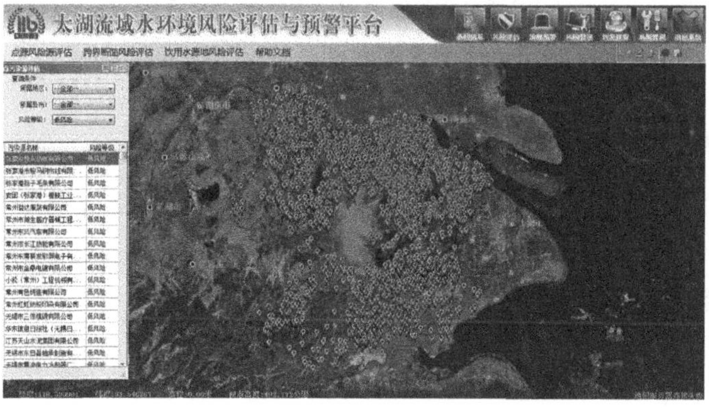


**图 3.3.2　太湖流域低风险企业分布情况**

**图 3.3.3 太湖流域中风险企业分布情况**

**图 3.3.4 太湖流域高风险企业分布情况**

## 3.4 跨界区累积污染风险评估技术及应用示范

### 3.4.1 跨界区范围确定

太湖流域跨界区域主要包括汾湖大桥至苏沪长江交界点的苏沪线、汾湖大桥至金山区的沪浙线、汾湖大桥至吴溇太湖点的苏浙线等区域。太湖流域跨界区域水流形势较为复杂，往复流明显，枯水期和平水期主要流场趋势为自北向南、由西向东；

汛期主要流场趋势为江苏部分自北向南、由西向东，浙江部分自南向北、由西向东。

太湖流域省界水体有71个监控断面，其中跨省界河流监控断面34个，省界湖泊太湖33个监测点、淀山湖3个监测点、元荡1个监测点。

2009年，全年期太湖流域省界河流监控断面共34个，约有71.4%断面水质劣于Ⅲ类，其中苏沪省界85.7%断面水质劣于Ⅲ类，苏浙省界73.3%断面水质劣于Ⅲ类，浙沪省界66.7%断面水质劣于Ⅲ类，浙皖省界断面水质为Ⅱ类。汛期省界河流水质略差于非汛期，主要超标项目为氨氮、总磷、五日生化需氧量、高锰酸盐指数、溶解氧等。

#### 3.4.1.1　概念及基本方法

1. 概念

流域跨界区是污染源对每个边界断面水质影响占60%的污染负荷所在的区域。

2. 流域跨界区确定基本方法

通过建立的跨界区模型结合内外污染源对控制断面水质影响权重分析计算公式，计算出区域内部污染源(COD、氨氮、总磷)对各个控制断面水质影响占60%的污染负荷的区域，结合水系特点及行政区域边界，划定流域跨界区。

#### 3.4.1.2　计算方法

在确定影响区域时采用二维稳态水质模型，对控制断面的污染因子即COD、氨氮、总磷的浓度进行模拟计算，计算公式如下：

$$c(x,y)=\exp\left(-K\frac{x}{86\,400\cdot u}\right)\left\{C_0+\frac{C_pQ_p}{H(\pi M_y xu)^{1/2}}\left[\exp\left(\frac{uy^2}{4M_y x}\right)+\exp\left(-\frac{u(2B-y)^2}{4M_y x}\right)\right]\right\} \tag{3-16}$$

式中：$K$为水质降解系数，$d^{-1}$；$x$为沿河道方向长度，m；$y$为沿河宽方向长度，m；$u$为干流平均流速，m/s；$H$为平均水深，m；$B$为河宽，m；$C_0$为河流背景浓度值，mg/L；$C_p$为上游污水浓度，mg/L；$Q_p$为上游污水流量，mg/L；$M_y$为横向混合系数，$m^2/s$。

内外污染源对控制断面水质影响权重分析计算公式如下：

$$\alpha_i = \frac{c_i}{c_i + c_o} \tag{3-17}$$

式中：$\alpha_i$为研究区域内部污染源所占的权重，%；$c_i$为为边界取功能区水质目标时，考虑内部污染源排放情况下按水质模型计算得出的控制断面水质浓度值，mg/L；$c_o$为为边界取功能区水质目标时，不考虑内部污染源排放情况下按水质模型计算得出的控制断面的水质浓度值，mg/L。

1. 水质降解系数

太湖流域河网水质模型参数主要选取 COD、氨氮、总磷三个污染物质的降解系数进行取值，结合流域水动力特征，确定水质参数的取值范围，详见表 3.4.1。

**表 3.4.1 太湖流域河网水质模型参数取值结果表**

| 序号 | 参数 | 取值范围 |
| --- | --- | --- |
| 1 | COD | 0.08～0.12 |
| 2 | 氨氮 | 0.07～0.10 |
| 3 | 总磷 | 0.04 |

2. 设计流量

选用断面连续 28 个月份的监测流量均值作为设计流量。

3. 边界条件

边界条件选用边界河流功能区水质。

#### 3.4.1.3 跨界区的划分

在太湖流域水资源保护局确定的太湖流域省界水体范围内，江苏省、浙江省、上海市的省界河流有 34 个监测断面。江苏—浙江省界断面湖州段省界河流主体流向为浙江向江苏，占 74%；江苏—浙江省界断面嘉兴段省界河流主体流向为江苏到浙江，占 83%；江苏—上海省界断面河流主体流向为江苏到上海，占 80%；浙江—上海省界断面河流主体流向为浙江到上海，占 83%。

计算 34 个断面 COD、氨氮、总磷平均影响比重为 60%的跨界区区域面积，取三者中最大值确定为跨界区区域面积，详见表3.4.2及图3.4.1至图3.4.34。

**表3.4.2　太湖流域苏浙沪省界水体跨界区面积表**

单位：$km^2$

| 省界 | 序号 | 河流 | 断面名称 | COD | 氨氮 | 总磷 | 跨界区 |
|---|---|---|---|---|---|---|---|
| 苏沪 | 1 | 浏河 | 娄陆大桥 | 569 | 324 | 612 | 612 |
| | 2 | 盐铁塘 | 新星桥 | 556 | 308 | 618 | 618 |
| | 3 | 吴淞江 | 吴淞港桥 | 791 | 499 | 780 | 791 |
| | 4 | 大、小朱厍港 | 朱砂港大桥 | 793 | 492 | 783 | 793 |
| | 5 | 急水港 | 周庄大桥 | 790 | 507 | 820 | 820 |
| | 6 | 千灯浦 | 千灯浦闸 | 802 | 508 | 818 | 818 |
| | 7 | 太浦河 | 金泽 | 972 | 841 | 452 | 972 |
| 苏浙 | 8 | 芦墟塘 | 陶庄枢纽 | 972 | 838 | 429 | 972 |
| | 9 | 斜路港 | 章湾圩公路桥 | 972 | 839 | 429 | 972 |
| | 10 | 南横塘 | 长村桥 | 811 | 563 | 291 | 811 |
| | 11 | 长三港 | 文桥 | 797 | 559 | 299 | 797 |
| | 12 | 大德塘 | 思源大桥 | 750 | 680 | 69 | 750 |
| | 13 | 頔塘 | 南浔大桥 | 804 | 561 | 278 | 804 |
| | 14 | 江南运河 | 北虹大桥 | 731 | 681 | 86 | 731 |
| | 15 | 后市河 | 太平桥 | 731 | 681 | 86 | 731 |
| | 16 | 双林港 | 双林桥 | 741 | 667 | 75 | 741 |
| | 17 | 新塍塘北支 | 圣塘桥 | 750 | 680 | 69 | 750 |
| | 18 | 新塍塘西支 | 洛东大桥 | 750 | 680 | 69 | 750 |
| | 19 | 上塔庙港 | 乌桥 | 484 | 354 | 233 | 484 |
| 苏浙 | 20 | 澜溪塘 | 卖鱼桥 | 484 | 354 | 233 | 484 |
| | 21 | 鼓楼港 | 鼓楼桥 | 804 | 561 | 278 | 804 |
| | 22 | 横泾港 | 太师桥 | 484 | 354 | 233 | 484 |
| 浙沪 | 23 | 丁栅港 | 丁栅闸 | 984 | 841 | 452 | 984 |
| | 24 | 大蒸塘 | 大蒸港桥 | 976 | 840 | 465 | 976 |
| | 25 | 坟头港 | 大舜枢纽 | 984 | 841 | 452 | 984 |
| | 26 | 枫泾塘 | 枫南大桥 | 976 | 840 | 465 | 976 |
| | 27 | 清凉港 | 清凉大桥 | 976 | 840 | 465 | 976 |
| | 28 | 嘉善塘 | 东海桥 | 976 | 840 | 465 | 976 |
| | 29 | 黄姑塘 | 金丝娘桥 | 545 | 332 | 259 | 545 |

续表

| 省界 | 序号 | 河流 | 断面名称 | COD | 氨氮 | 总磷 | 跨界区 |
|---|---|---|---|---|---|---|---|
| 浙沪 | 30 | 惠高泾 | 新风路桥 | 539 | 344 | 247 | 539 |
| | 31 | 六里塘 | 六里塘桥 | 539 | 344 | 247 | 539 |
| | 32 | 上海塘 | 青阳汇桥 | 527 | 328 | 253 | 527 |
| | 33 | 俞汇塘 | 俞汇北大桥 | 976 | 840 | 465 | 976 |
| | 34 | 太浦河 | 东蔡大桥 | 984 | 841 | 452 | 984 |

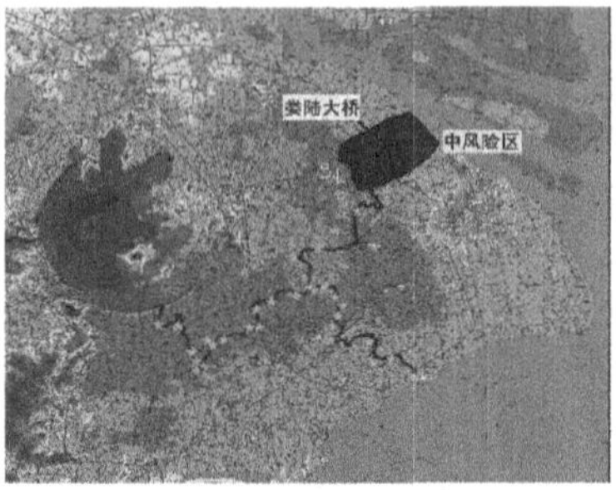


图 3.4.1　娄陆大桥断面

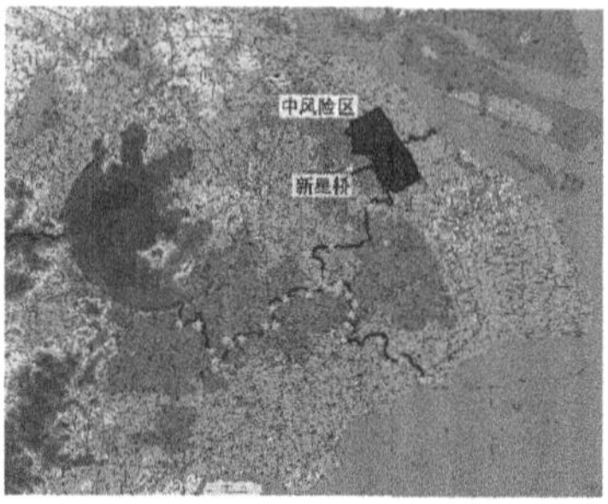


图 3.4.2　新星桥断面

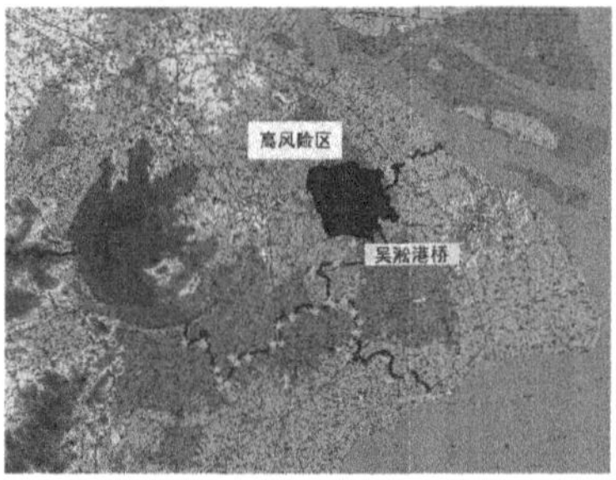


图 3.4.3　吴淞港桥断面

图 3.4.4　朱砂港大桥断面

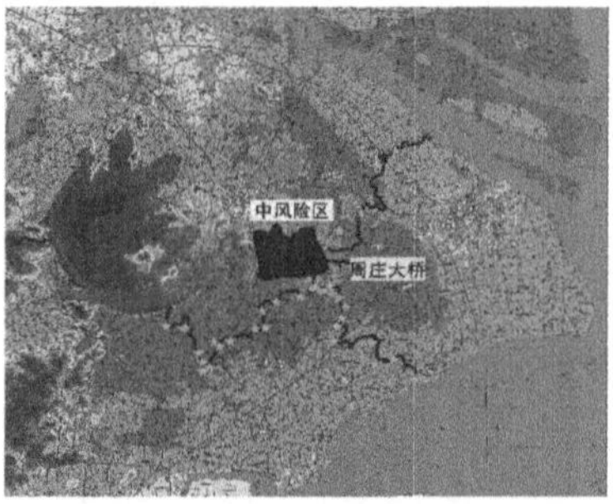


图 3.4.5　周庄大桥断面

图 3.4.6　千灯浦闸断面

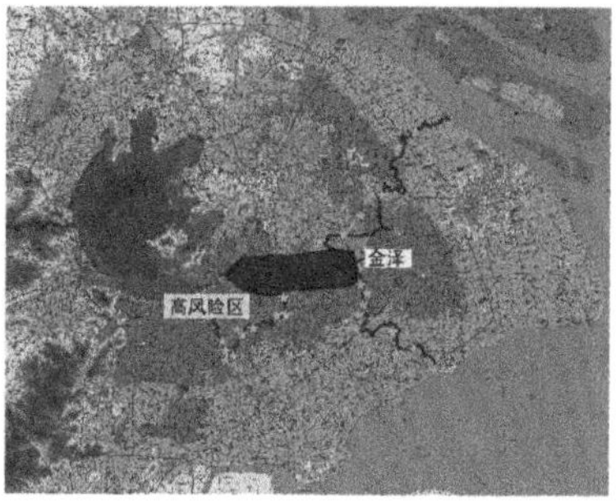


图 3.4.7　金泽断面

图 3.4.8　陶庄枢纽断面

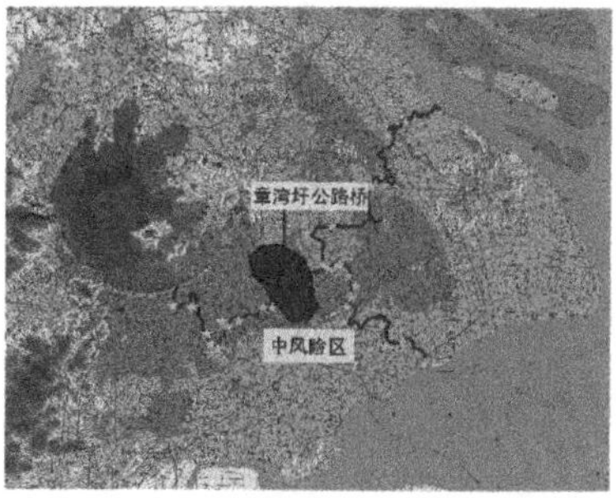


图 3.4.9　章湾圩公路桥断面

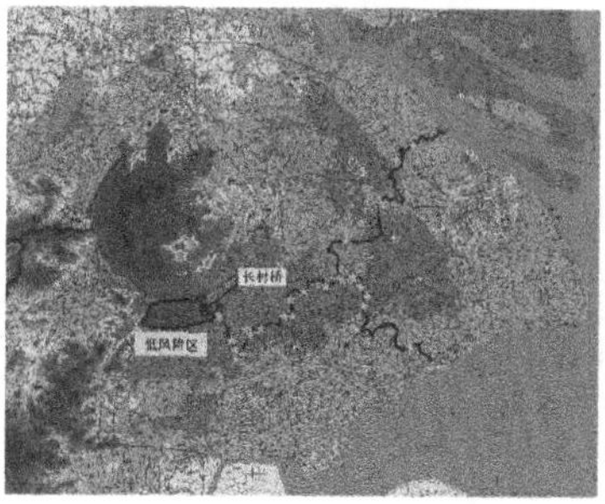


图 3.4.10　长村桥断面

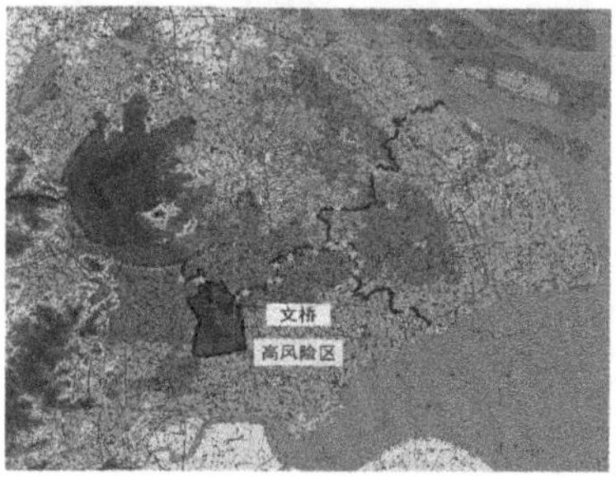


图 3.4.11　文桥断面

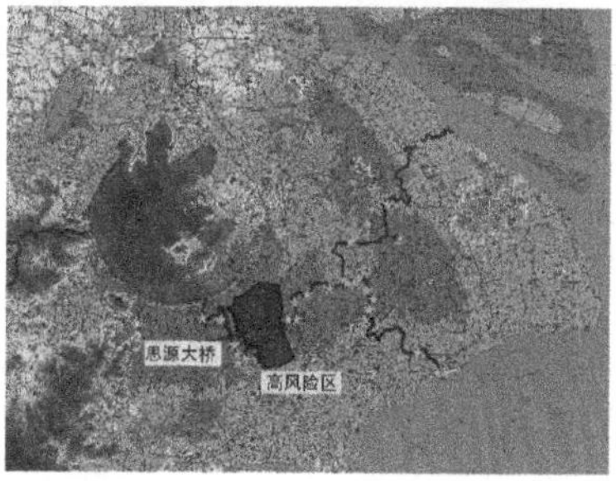


图 3.4.12　思源大桥断面

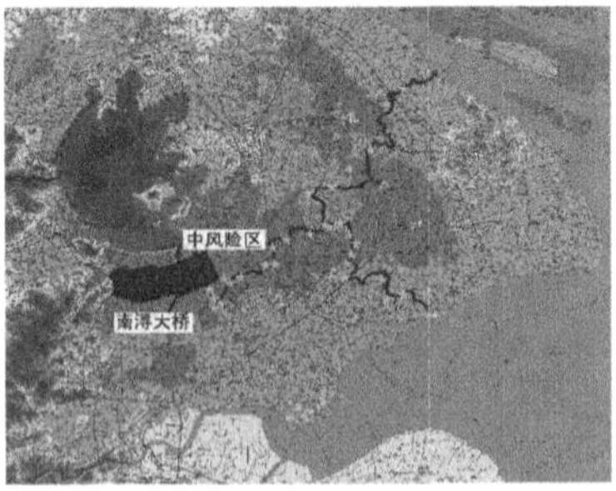


图 3.4.13　南浔大桥断面

图 3.4.14　北虹大桥断面

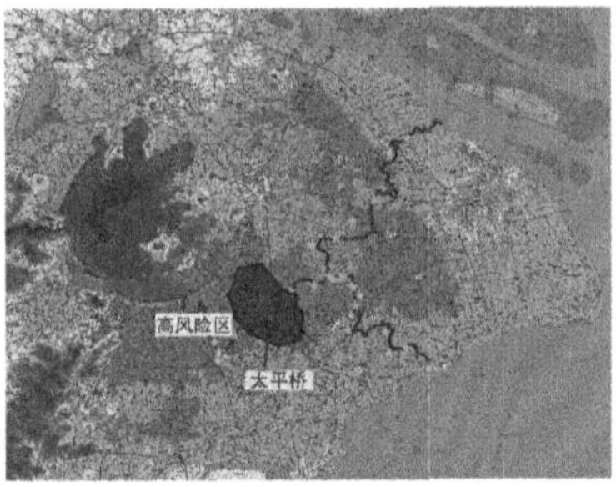


图 3.4.15　太平桥断面

图 3.4.16　双林桥断面

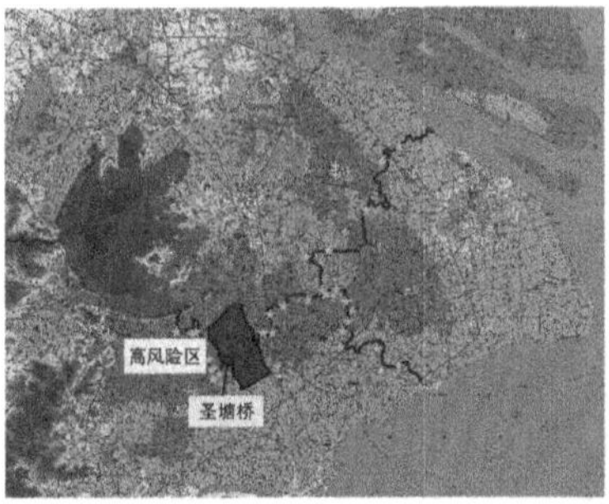


图 3.4.17　圣塘桥断面

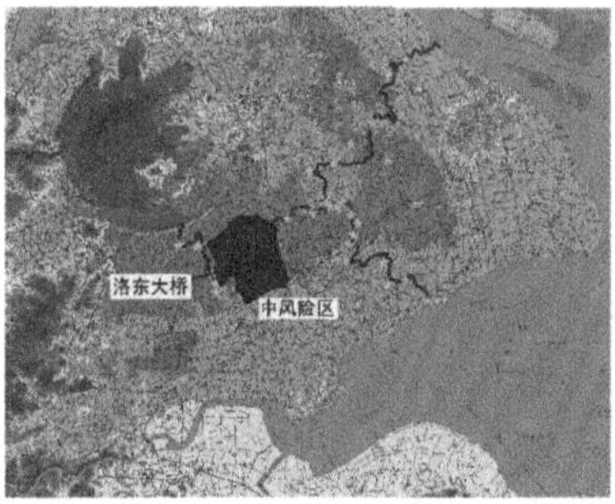


图 3.4.18　洛东大桥断面

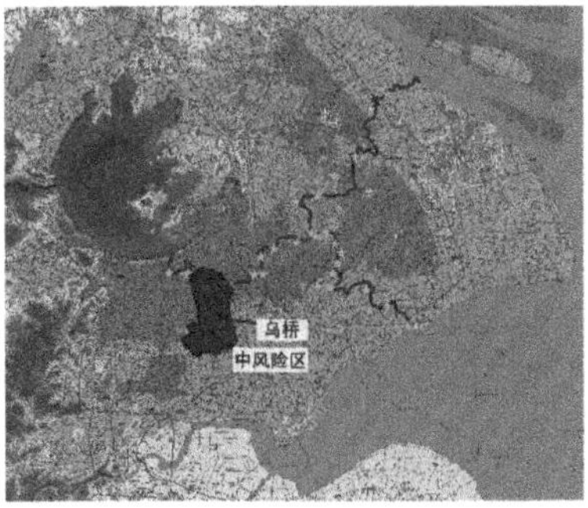


图 3.4.19　乌桥断面

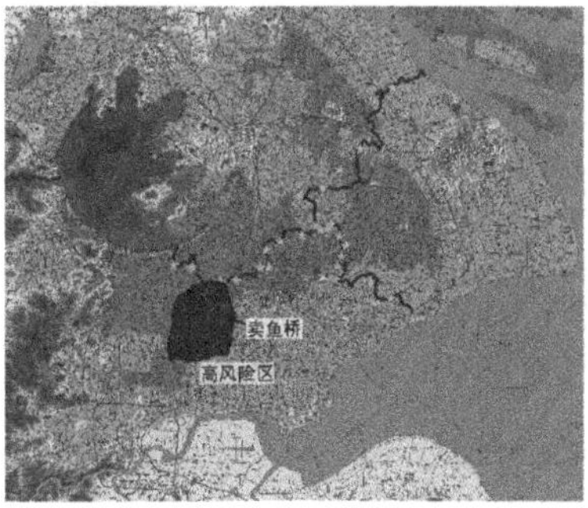


图 3.4.20　卖鱼桥断面

图 3.4.21　鼓楼桥断面

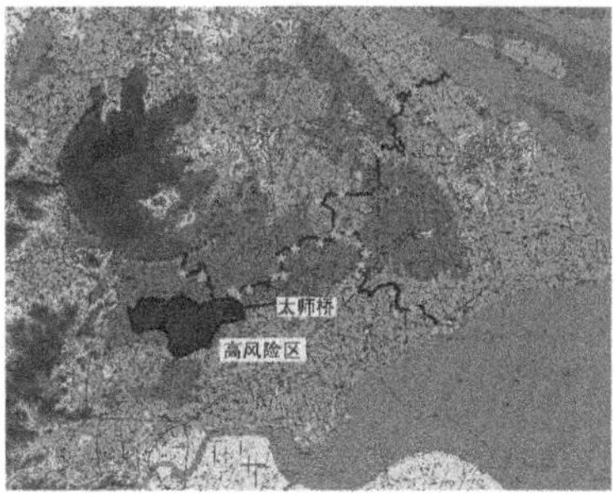


图 3.4.22　太师桥断面

图 3.4.23　丁栅闸断面

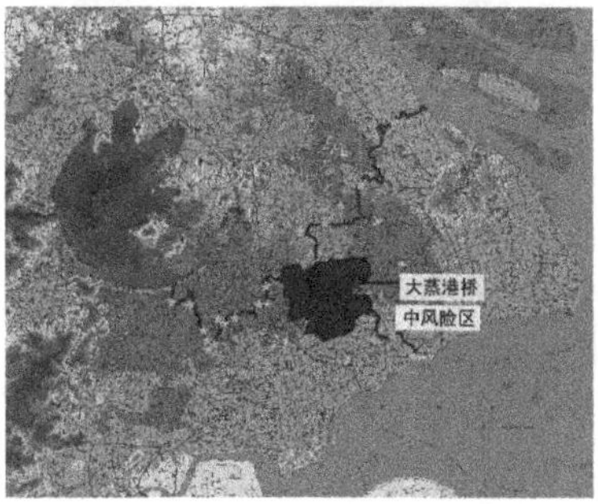


图 3.4.24　大蒸港桥断面

图 3.4.25　大舜枢纽断面

图 3.4.26　枫南大桥断面

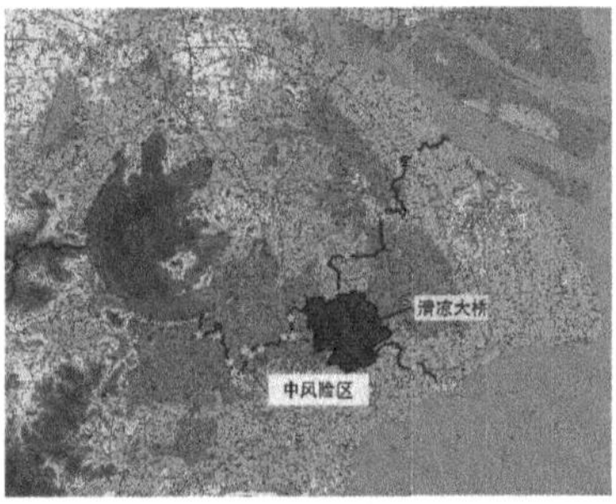


图 3.4.27　清凉大桥断面

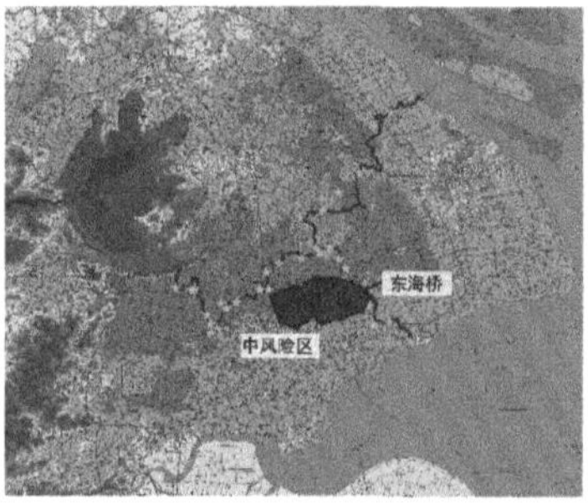


图 3.4.28　东海桥断面

图 3.4.29　金丝娘桥断面

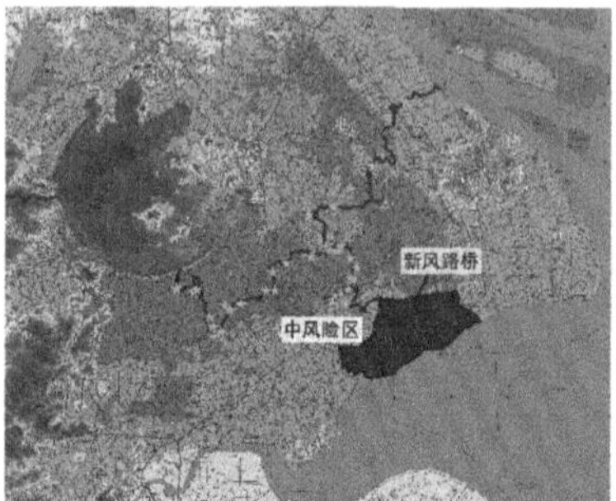


图 3.4.30　新风路桥断面

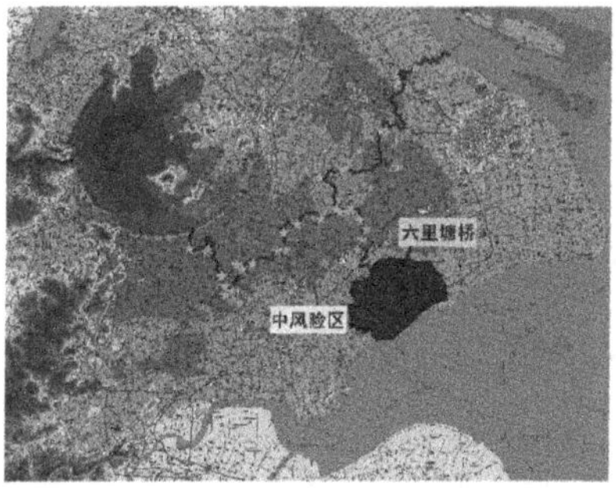


图 3.4.31　六里塘桥断面

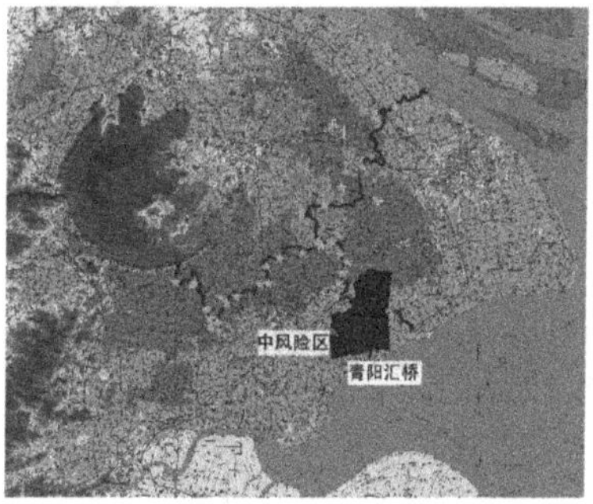


图 3.4.32　青阳汇桥断面

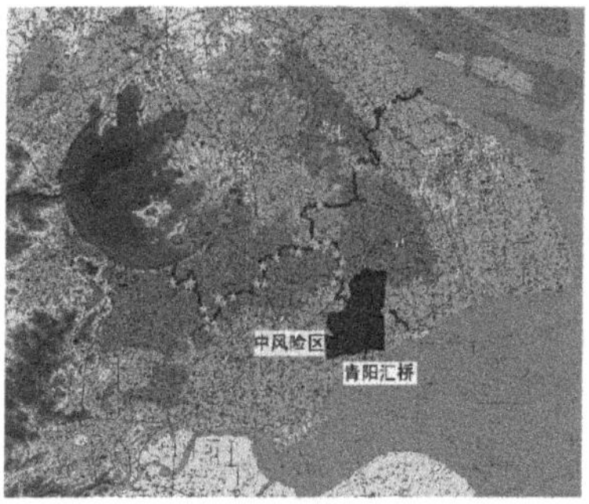


图 3.4.33　俞汇北大桥断面

图 3.4.34　东蔡大桥断面

## 3.4.2　跨界区水环境风险评估指标体系

### 3.4.2.1　指标体系

跨界区风险是在风险场的复合作用机制下形成的，跨界区风险场包括风险源、环境风险控制机制、风险受体三个因素。从风险源的危险性、控制机制的有效性以及风险受体的易损性等三个方面入手构建太湖流域跨界区水环境风险评估指标体系。

根据对太湖流域跨界区的环境风险源的识别结果，流域跨界区环境风险源可以分为面源污染、点源污染两个方面。针对面源污染、点源污染分别进行风险因子解析，形成如表 3.4.3 所示的跨界区风险源指标体系。其中各指标的权重通过专家评分法与层次分析法(AHP)相结合确定。

**表 3.4.3　太湖流域跨界区水环境风险评估指标体系**

| 指标 | | | Ⅰ级 | Ⅱ级 | Ⅲ级 | Ⅳ级 | 权重 |
|---|---|---|---|---|---|---|---|
| 风险源 | 面源 | 农药使用强度(kg/hm²) | ＞20 | (10～20] | (3～10] | ≤3 | 0.1 |
| | | 化肥施用强度(折纯)(kg/hm²) | ＞364 | (225,364] | (120,225] | ≤120 | 0.1 |
| | | 居住区生活污水处理率(%) | 70 | 80 | 90 | 100 | 0.15 |
| | 点源 | 主导行业 | 化工、石化 | 电镀、医药工业、金属冶炼 | 机械制造、危险品贮存、建筑施工、交通运输 | 其他 | 0.2 |
| | | 区域主导行业工艺水平 | 国内落后 | 国内平均 | 国内先进 | 国际先进 | 0.15 |
| | | 污水排放量(m³/d) | ＞1 5000 | (8 000,15 000] | (3 000,8 000] | ≤3 000 | 0.2 |
| | | 污水水质复杂程度 | 复杂 | 中等 | 简单 | 不排放 | 0.1 |
| 控制机制 | 初级控制 | 开发区管理制度 | 无安全管理制度 | 有初步安全管理制度 | 有完善的安全管理制度 | 通过ISO 14000论证,有完善的安全管理制度 | 0.2 |
| | | 相对应急预防系统 | 无 | 有 | 较完善 | 完善 | 0.2 |
| | | 污水处理设施配套率(%) | ≤60 | (60,80] | (80,95] | ＞95 | 0.2 |
| | 次级控制 | 受纳水体水达标率(%) | ≤75 | (75,80] | (80,85] | ＞85 | 0.3 |
| | | 监控断面情况 | 无例行监控 | 人工例行监控 | 自动在线监控(常规指标) | 自动在线监控(常规指标及特征指标) | 0.1 |
| 受体 | 饮用水源地 | | 取水口 | 一级保护区 | 二级保护区 | 非水源地保护区 | 0.3 |
| | 生态功能区划 | | 特殊生态功能优先保护区 | 生态功能维护与适度开发区 | 生态功能敏感与控制开发区 | 生态功能恢复与引导开发区 | 0.4 |
| | 人口密度(人/km²) | | 高密度 | 中密度 | 低密度 | 无居住区 | 0.3 |
| 分值 | | | 4 | 3 | 2 | 1 | |

### 1. 农药施用强度

农药施用强度是指本年内单位面积耕地实际用于农业生产的农药数量。参照生态城镇建设的指标要求，将该指标分为四级。

2. 化肥施用强度(折纯)

化肥施用强度是指本年内单位面积耕地实际用于农业生产的化肥数量。化肥施用量要求按折纯量计算。折纯量是指将氮肥、磷肥、钾肥分别按含氮、含五氧化二磷、含氧化钾的百分之百成分进行折算后的数量。参照生态城镇建设的指标要求，将该指标分为四级。

3. 居住区生活污水处理率

包括集中式居住区生活污水处理率和工业园区内产生的生活污水处理率。参照生态城镇建设的指标要求，将该指标分为四级。

4. 主导行业

指区域内工业总产值为第一位的行业。

5. 园区管理制度

跨界区内开发区的管理制度的有效性将影响开发区风险源的释放程度，进而影响流域的环境生态安全，所以将开发区的管理制度作为一个评价指标，判定级别分别为：通过 ISO 14000 论证，有完善的安全管理制度、有初步安全的管理制度、无安全管理制度。

6. 污水处理设施配套率

污水处理设施配套率是指城镇经过污水处理厂处理且达到排放标准的污水量与城镇生活污水排放总量的百分比。城镇生活污水产生量在城镇污水产生量中占有较大比重，而大量未经处理的生活污水排入江河湖泊是造成其严重污染的原因。城镇生活污水处理率越高，说明进入水体的污染物质越少，水环境就越安全。“十四五”规划提出到 2025 年县城污水处理率达到 95%以上。本书据此将该指标分为四个等级：≥95%、(80%，95%)、(60%，80%]、≤60%。

#### 3.4.2.2 风险等级划分标准

跨界区环境风险评估是依据区域内环境风险的相对大小来进行评估分级的。以定性指标为主，采用综合评价法进行分析。首先进行单因子分级评分，在各单因子分级评分的基础上，通过加权叠加求出跨界区风险综合评价值($M$)，然后根据跨界区环境风险综合评价值分级标准，确定跨界区区域的环境风险等级，如表3.4.4所示。

**表3.4.4　太湖流域跨界区环境风险等级划分表**

| 综合评价值 | 3.25＜$M$≤4 | 2.5＜$M$≤3.25 | 1.75＜$M$≤2.5 | 1.0＜$M$≤1.75 |
|---|---|---|---|---|
| 跨界区风险等级 | 高风险区（Ⅰ级） | 中风险区（Ⅱ级） | 低风险区（Ⅲ级） | 极低风险区（Ⅳ级） |

## 3.4.3　跨界区评估结果

流域跨界区水环境风险评估分级结果见表3.4.5。

**表3.4.5　太湖流域跨界区风险评估分级结果**

| 序号 | 河流 | 断面名称 | 风险源危险性分值 | 控制机制有效性分值 | 受体易损性分值 | 风险综合评价值 | 风险等级 |
|---|---|---|---|---|---|---|---|
| 1 | 浏河 | 娄陆大桥 | 3.10 | 2.90 | 2.30 | 2.88 | 中风险区（Ⅱ级） |
| 2 | 盐铁塘 | 新星桥 | 2.75 | 2.90 | 2.30 | 2.71 | 中风险区（Ⅱ级） |
| 3 | 吴淞江 | 吴淞港桥 | 3.65 | 3.10 | 2.30 | 3.22 | 高风险区（Ⅰ级） |
| 4 | 大、小朱厍港 | 朱砂港大桥 | 3.50 | 3.10 | 2.90 | 3.26 | 高风险区（Ⅰ级） |
| 5 | 急水港 | 周庄大桥 | 3.10 | 2.90 | 3 | 3.02 | 中风险区（Ⅱ级） |
| 6 | 千灯浦 | 千灯浦闸 | 3.50 | 3.10 | 2.30 | 3.14 | 中风险区（Ⅱ级） |
| 7 | 太浦河 | 金泽 | 3.50 | 3.20 | 4 | 3.51 | 高风险区（Ⅰ级） |
| 8 | 芦墟塘 | 陶庄枢纽 | 3.50 | 3.10 | 2.30 | 3.14 | 中风险区（Ⅱ级） |
| 9 | 斜路港 | 章湾圩公路桥 | 3.30 | 2.90 | 2.30 | 2.98 | 中风险区（Ⅱ级） |
| 10 | 南横塘 | 长村桥 | 2.15 | 2.70 | 2.70 | 2.43 | 低风险区（Ⅲ级） |
| 11 | 长三港 | 文桥 | 3.50 | 3.30 | 2.70 | 3.28 | 高风险区（Ⅰ级） |
| 12 | 大德塘 | 思源大桥 | 3.65 | 3.10 | 2.30 | 3.22 | 高风险区（Ⅰ级） |
| 13 | 頔塘 | 南浔大桥 | 3.30 | 2.70 | 2.70 | 3 | 中风险区（Ⅱ级） |
| 14 | 江南运河 | 北虹大桥 | 3.65 | 2.70 | 2.70 | 3.18 | 中风险区（Ⅱ级） |
| 15 | 后市河 | 太平桥 | 3.65 | 3.10 | 2.30 | 3.22 | 高风险区（Ⅰ级） |
| 16 | 双林港 | 双林桥 | 3.70 | 3.30 | 2.30 | 3.30 | 高风险区（Ⅰ级） |
| 17 | 新塍塘北支 | 圣塘桥 | 3.65 | 3.10 | 2.30 | 3.22 | 高风险区（Ⅰ级） |
| 18 | 新塍塘西支 | 洛东大桥 | 3.35 | 3.10 | 2.30 | 3.07 | 中风险区（Ⅱ级） |

续表

| 序号 | 河流 | 断面名称 | 风险源危险性分值 | 控制机制有效性分值 | 受体易损性分值 | 风险综合指数 | 风险等级 |
|---|---|---|---|---|---|---|---|
| 19 | 上塔庙港 | 乌桥 | 3.35 | 3.30 | 2.30 | 3.13 | 中风险区(Ⅱ级) |
| 20 | 澜溪塘 | 卖鱼桥 | 3.65 | 2.90 | 2.70 | 3.24 | 高风险区(Ⅰ级) |
| 21 | 鼓楼港 | 鼓楼桥 | 3.45 | 3.30 | 2.60 | 3.24 | 高风险区(Ⅰ级) |
| 22 | 横泾港 | 太师桥 | 3.65 | 3.10 | 2.30 | 3.22 | 高风险区(Ⅰ级) |
| 23 | 丁栅港 | 丁栅闸 | 3 | 3.10 | 2.70 | 2.97 | 中风险区(Ⅱ级) |
| 24 | 大蒸塘 | 大蒸港桥 | 2.85 | 2.50 | 3 | 2.78 | 中风险区(Ⅱ级) |
| 25 | 坟头港 | 大舜枢纽 | 3.60 | 2.90 | 2.30 | 3.13 | 中风险区(Ⅱ级) |
| 26 | 枫泾塘 | 枫南大桥 | 2.85 | 3.50 | 2.30 | 2.94 | 中风险区(Ⅱ级) |
| 27 | 清凉港 | 清凉大桥 | 2.85 | 3.30 | 2.60 | 2.94 | 中风险区(Ⅱ级) |
| 28 | 嘉善塘 | 东海桥 | 2.80 | 3.50 | 2.30 | 2.91 | 中风险区(Ⅱ级) |
| 29 | 黄姑塘 | 金丝娘桥 | 3.05 | 3.50 | 2.30 | 3.31 | 高风险区(Ⅰ级) |
| 30 | 惠高泾 | 新风路桥 | 3.20 | 3.30 | 2.70 | 3.13 | 中风险区(Ⅱ级) |
| 31 | 六里塘 | 六里塘桥 | 3.20 | 2.50 | 2.30 | 3.11 | 中风险区(Ⅱ级) |
| 32 | 上海塘 | 青阳汇桥 | 3.05 | 3.30 | 2.30 | 2.98 | 中风险区(Ⅱ级) |
| 33 | 俞汇塘 | 俞汇北大桥 | 3.05 | 3.30 | 3 | 3.12 | 中风险区(Ⅱ级) |
| 34 | 太浦河 | 东蔡大桥 | 2.75 | 3.10 | 2.70 | 2.85 | 中风险区(Ⅱ级) |

## 3.5 太湖流域重污染区水环境风险分析与评估

### 3.5.1 太湖流域重污染区梅梁湖水体重金属生态风险

#### 3.5.1.1 梅梁湖水体重金属暴露浓度调查

根据2006—2010年梅梁湖各季度水体年平均重金属浓度的监测资料(表3.5.1和表3.5.2),无论在5年的水平下,还是2010年四季水平下,除砷、铅以外,其余重金属浓度都处于检出限之下。所以砷、铅为梅梁湖水体主要的重金属污染种类,将其作为评价对象。

**表 3.5.1 2006—2010 年太湖梅梁湖水样年平均重金属浓度**

单位:mg/L

| 位点名称 | 年份 | 六价铬 | 砷 | 汞 | 铅 | 镉 |
|---|---|---|---|---|---|---|
| 拖山 | 2006 | 0.004L | 0.002 5 | 0.000 05L | 0.004 8 | 0.000 20L |
| 拖山 | 2007 | 0.004L | 0.001 9 | 0.000 05L | 0.003 7 | 0.000 20L |
| 拖山 | 2008 | 0.004L | 0.001 7 | 0.000 05L | 0.003 5 | 0.000 20L |
| 拖山 | 2009 | 0.004L | 0.002 2 | 0.000 05L | 0.005 1 | 0.000 20L |
| 拖山 | 2010 | 0.004L | 0.002 9 | 0.000 05L | 0.005 3 | 0.000 20L |
| 闾江口 | 2006 | 0.004L | 0.002 9 | 0.000 05L | 0.003 8 | 0.000 20L |
| 闾江口 | 2007 | 0.004L | 0.002 1 | 0.000 05L | 0.003 0 | 0.000 20L |
| 闾江口 | 2008 | 0.004L | 0.002 1 | 0.000 05L | 0.003 5 | 0.000 20L |
| 闾江口 | 2009 | 0.004L | 0.002 4 | 0.000 05L | 0.004 2 | 0.000 20L |
| 闾江口 | 2010 | 0.004L | 0.003 0 | 0.000 05L | 0.005 3 | 0.000 20L |
| 犊山口 | 2006 | 0.004L | 0.003 1 | 0.000 05L | 0.005 8 | 0.000 20L |
| 犊山口 | 2007 | 0.004L | 0.002 3 | 0.000 05L | 0.002 2 | 0.000 20L |
| 犊山口 | 2008 | 0.004L | 0.002 3 | 0.000 05L | 0.003 2 | 0.000 20L |
| 犊山口 | 2009 | 0.004L | 0.002 1 | 0.000 05L | 0.003 0 | 0.000 20L |
| 犊山口 | 2010 | 0.004L | 0.002 9 | 0.000 05L | 0.006 1 | 0.000 20L |

注:"L"代表未检出,前面数值为检出限。

**表 3.5-2 2010 年太湖梅梁湖四个季度水样中重金属浓度**

单位:mg/L

| 位点名称 | 季度 | 六价铬 | 砷 | 汞 | 铅 | 镉 |
|---|---|---|---|---|---|---|
| 拖山 | 一季度 | 0.004L | 0.003 3 | 0.000 05L | 0.003 0 | 0.000 20L |
| 拖山 | 二季度 | 0.004L | 0.000 9 | 0.000 05L | 0.001 7 | 0.000 20L |
| 拖山 | 三季度 | 0.004L | 0.004 1 | 0.000 05L | 0.007 3 | 0.000 20L |
| 拖山 | 四季度 | 0.004L | 0.003 1 | 0.000 05L | 0.009 0 | 0.000 20L |
| 闾江口 | 一季度 | 0.004L | 0.003 8 | 0.000 05L | 0.003 0 | 0.000 20L |
| 闾江口 | 二季度 | 0.004L | 0.002 3 | 0.000 05L | 0.002 7 | 0.000 20L |
| 闾江口 | 三季度 | 0.004L | 0.003 5 | 0.000 05L | 0.008 0 | 0.000 20L |
| 闾江口 | 四季度 | 0.004L | 0.002 4 | 0.000 05L | 0.007 3 | 0.000 20L |
| 犊山口 | 一季度 | 0.004L | 0.003 7 | 0.000 05L | 0.003 0 | 0.000 20L |
| 犊山口 | 二季度 | 0.004L | 0.001 4 | 0.000 05L | 0.004 3 | 0.000 20L |
| 犊山口 | 三季度 | 0.004L | 0.004 1 | 0.000 05L | 0.007 0 | 0.000 20L |
| 犊山口 | 四季度 | 0.004L | 0.002 4 | 0.000 05L | 0.010 0 | 0.000 20L |

注:"L"代表未检出,前面数值为检出限。

### 3.5.1.2　梅梁湖重金属 SSDs 评价方法

应用物种敏感度分布(Species Sensitivity Distributions, SSDs)法对以上两种主要的重金属污染物进行生态风险评价。SSDs 的基本假设是一组生物的敏感性(NOEC 或 $LC_{50}$ 等毒性数据)能够被某个分布(如正态分布、逻辑斯蒂分布)所描述;而获得的毒性数据即被认为是来自这个分布的样本,可用来估算该分布的参数。因此,以不同生物的毒性(NOEC 或 $LC_{50}$ 等)浓度值($\mu$g/L)的对数为 X 轴,累积影响概率为 Y 轴,并选用一个分布对这些点进行参数拟合,即得 SSDs 曲线。步骤如下:

(1) 利用美国环保署 EPA ECOTOX 数据库(http://cfpub.epa.gov/ecotox/)获取水生生物(动物)的急性毒性浓度值数据(由于毒性数据较少,所以只能进行急性毒性生态风险分析)。

(2) 使用澳大利亚联邦科学和工业研究组织 CSIRO(Commonwealth Scientific and Industrial Research Organization)研发的计算软件 BurrlizO(版本 1.0.14)进行拟合,得出对应 5%累积概率的污染物浓度(HC5),计算公式如下:

$$HC(q)=\frac{b}{\left[\left(\frac{1}{q}\right)^{\frac{1}{k}}-1\right]}^{\frac{1}{c}} \tag{3-18}$$

(3) 结合 2010 年梅梁湖水体重金属浓度,计算在该自然浓度下,水生生物受潜在影响的比例(PAF),计算公式如下:

$$F(x)=\frac{1}{\left[1+\left(\frac{b}{x}\right)^{c}\right]^{k}} \tag{3-19}$$

实际应用中,当 $k>100$ 时,BurⅢ分布变化为 ReWeibull 分布;当 $c>80$ 时,BurⅢ分布可变化为 RePareto 分布。

$$F(x)=\left(\frac{x}{x_0}\right)^{\theta},I\{x\leqslant x_0\},(x,\theta>0) \tag{3-20}$$

式中:$x$ 为环境浓度,$\mu$g/L;$q$、$b$、$c$、$k$、$\theta$、$x_0$ 为函数的六个参数。

### 3.5.1.3 梅梁湖重金属生态风险评价结果

HC5 值表征当累积概率为 5%时拟合物质对应的浓度值，即 95%水生生物在污染物浓度为 HC5 时受保护。污染物的 HC5 值越大，它所产生的生态风险就越小；反之，当某一污染物的 HC5 值很小时，则认为其对水生生物具有较大的毒性效应。由图 3.5.1 可知，HC5(砷)＞HC5(铅)，即铅对水生生物具有较大的毒性效应。

选取 2010 年梅梁湖水体重金属暴露浓度进行四季水平生态风险分析，具有一定的代表性。所以根据表 3.5.2，计算砷、铅的每一季度急性毒性潜在影响比例(PAF)，结果见表 3.5.3。由表 3.5.3 可知，砷、铅四季急性潜在影响比例(PAF)均小于 3%，即对于梅梁湖水生生物而言，97%以上的物种在以上重金属的暴露浓度下是受保护的，水体中砷、铅的生态风险极低。综上可得，梅梁湖水体中重金属生态风险较低，对水质污染的贡献极小。

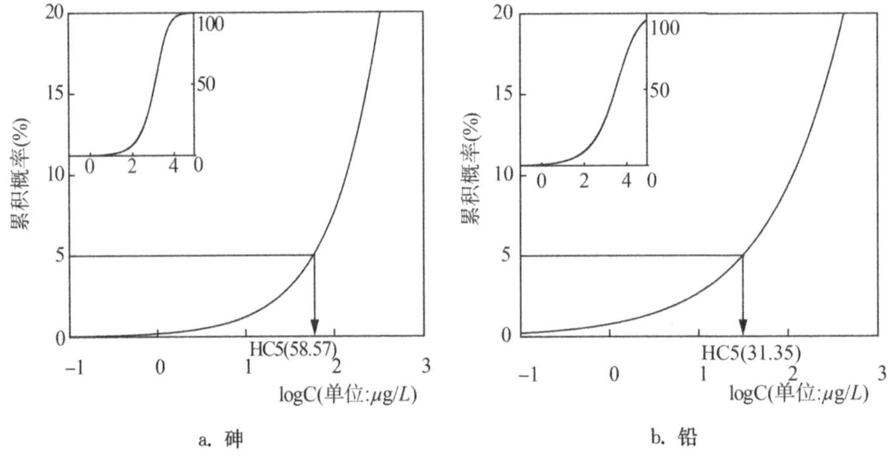


注：HC5 表示急性 5%累积概率的污染物浓度，单位：μg/L。

**图 3.5.1 目标重金属的 SSDs 曲线**

表 3.5.3　2010 年太湖梅梁湖重金属潜在影响比例

| 重金属 | PAF(%) | | | |
|---|---|---|---|---|
| | 一季度 | 二季度 | 三季度 | 四季度 |
| 砷 | 1.54 | 0.96 | 1.61 | 0.97 |
| 铅 | 1.40 | 1.35 | 2.29 | 2.50 |

## 3.5.2　太湖流域重污染区梅梁湖水体微量有毒有机物生态风险

### 3.5.2.1　梅梁湖水体微量有毒有机污染物暴露浓度调查

根据课题依托单位对 2006—2010 年梅梁湖水体中挥发酚、氰化物和石油类的常规监测结果发现，梅梁湖水体中以上三类污染物浓度均低于检出下限（见表 3.5.4），由此可见梅梁湖水体中以上三类有机污染物的影响较轻。

表 3.5.4　2010 年太湖梅梁湖四个季度水样中有机污染浓度物监测数据

单位：mg/L

| 位点名称 | 季度 | 挥发酚 | 石油类 | 氰化物 |
|---|---|---|---|---|
| 拖山 | 一季度 | 0.002L | 0.05L | 0.004L |
| 拖山 | 二季度 | 0.002L | 0.05L | 0.004L |
| 拖山 | 三季度 | 0.002L | 0.05L | 0.004L |
| 拖山 | 四季度 | 0.002L | 0.05L | 0.004L |
| 闾江口 | 一季度 | 0.002L | 0.05L | 0.004L |
| 闾江口 | 二季度 | 0.002L | 0.05L | 0.004L |
| 闾江口 | 三季度 | 0.002L | 0.05L | 0.004L |
| 闾江口 | 四季度 | 0.002L | 0.05L | 0.004L |
| 犊山口 | 一季度 | 0.002L | 0.05L | 0.004L |
| 犊山口 | 二季度 | 0.002L | 0.05L | 0.004L |
| 犊山口 | 三季度 | 0.002L | 0.05L | 0.004L |
| 犊山口 | 四季度 | 0.002L | 0.05L | 0.004L |

注：“L”代表未检出，前面数值为检出限。

为得到针对性的生态风险结果，本书对水体中具体细化的有机污染物进行进一步的生态风险分析。其中 2008 年太湖梅梁湖水体有机污染物的浓度见表3.5.5。

**表 3.5.5　2008 年太湖梅梁湖四个季度水样中有机污染物浓度**

单位：μg/L

| 污染物 | 春季(3 月) | 夏季(6 月) | 秋季(9 月) | 冬季(12 月) |
|---|---|---|---|---|
| 异氟尔酮 | 0.294±0.030 | 1.800±0.089 | 0.045±0.017 | 0.162±0.047 |
| 六氯环戊二烯* | — | — | 0.279±0.065 | 0.172±0.054 |
| 邻苯二甲酸二甲酯* | — | — | 0.073±0.018 | 0.029±0.005 |
| 2,6-二硝基甲苯 | 0.510±0.023 | 1.200±0.280 | 0.308±0.031 | 0.523±0.084 |
| 苊烯 | 0.021±0.008 | — | 0.036±0.009 | 0.003±0.000 |
| 2,4-二硝基甲苯* | 0.030±0.017 | — | 0.330±0.073 | 0.062±0.008 |
| 邻苯二甲酸二乙酯* | 0.105±0.084 | 0.100±0.043 | 0.085±0.024 | 0.009±0.006 |
| 芴* | 0.048±0.006 | — | — | 0.011±0.002 |
| 六氯苯* | — | — | 0.048±0.005 | 0.021±0.005 |
| 五氯酚* | — | — | — | 0.051±0.013 |
| 菲* | 0.020±0.005 | 0.100±0.020 | 0.081±0.032 | 0.042±0.009 |
| 蒽* | 0.130±0.020 | 0.100±0.027 | 0.064±0.012 | 0.038±0.003 |
| 邻苯二甲酸二丁酯* | 7.000±1.650 | 3.040±0.644 | 8.177±1.670 | 4.224±0.561 |
| 芘* | 0.034±0.011 | — | 0.020±0.012 | 0.018±0.008 |
| 邻苯二甲酸丁苄酯* | 0.102±0.012 | — | — | — |
| 己二酸二辛酯 | 0.489±0.082 | 0.200±0.074 | — | — |
| 苯并[a]蒽 | 0.038±0.012 | — | 0.039±0.016 | 0.017±0.004 |
| 屈 | 0.031±0.015 | — | 0.012±0.009 | — |
| 邻苯二甲酸二辛酯* | 8.371±2.163 | 4.500±0.748 | 1.127±0.067 | 0.023±0.006 |
| 苯并[b]荧蒽 | 0.074±0.034 | 0.100±0.056 | 0.470±0.031 | — |
| 苯并[k]荧蒽 | 0.116±0.046 | — | 0.001±0.000 | — |
| 苯并芘* | 0.046±0.003 | — | 0.012±0.008 | 0.013±0.000 |
| 茚并[1,2,3-cd]芘 | — | — | — | 0.023±0.006 |
| 二苯并[a,h]蒽 | — | — | — | — |
| 苯并[g,h,i]芘 | — | — | — | 0.234±0.068 |

注："—"表示未检出；采样点在梅梁湖入湖河流的交汇处(31°28′20″N，120°13′29″E)。"*"表示被评价的有机污染物。

### 3.5.2.2　梅梁湖有毒有机污染物 SSDs 评价方法

借鉴美国 EPA 优先控制污染物名单，结合 2008 年不同季度太湖梅梁湖水体中半挥发性有机污染物(SVOCs)检出情况,本书最终确定将六氯苯(HCB)、五氯酚(PCP)、六氯环戊二烯(HCCP)、2,4-二硝基甲苯(2,4-DNT)、邻苯二甲酸二丁酯(DBP)、邻苯二甲酸丁苄酯(BBP)、邻苯二甲酸二辛酯(DOP)、邻苯二甲酸二甲酯(DMP)、邻苯二甲酸二乙酯(DEP)、菲(PA)、蒽(Ant)、芘(Pyr)、苯并芘(BaP)、芴(Flu)14种化合物作为研究对象。选择暴露终点为$LC_{50}$或$EC_{50}$、暴露时间小于10 d、在实验室环境下淡水介质中的水生生物(动物)的毒性数据,应用SSDs进行生态风险评价,步骤如下:

(1) 利用美国环保署EPA ECOTOX数据库(http://cfpub.epa.gov/ecotox/)获取水生生物(动物)的急性毒性数据。

(2) 采用Cedric Duboundin等提出的针对SSDs法的急慢性转化(Acute to Chronic Transformation,ACT),将急性数据转化为慢性数据,具体计算步骤如下:

$$C^* = \sigma_C \cdot \frac{A-\mu_A}{\sigma_A} + \mu_C \tag{3-21}$$

$$\mu_A = \sum_{ij} A \cdot \frac{1}{n_i \cdot n_s} \tag{3-22}$$

$$\sigma_A = \sqrt{\frac{n}{n-1}\sum (S_{ij-\mu})^2 \cdot \frac{1}{n_i \cdot n_s}} \tag{3-23}$$

其中对于脊椎动物而言,$\sigma_C \approx 0.59$,$\mu_C = 0.82 \cdot \mu_A - 0.62 \cdot \sigma_A - 0.49$;对于无脊椎动物而言,$\sigma_C \approx 0.65$,$\mu_C = 0.58 \cdot \mu_A - 1.96 \cdot \sigma_A + 1.60$。

式中:$C^*$为慢性毒理浓度的对数值;$A$为急性毒理浓度的对数值;$n$为水生动物的数据总数;$n_i$为该物种的数据数;$n_s$为物种数。

(3) 使用澳大利亚联邦科学和工业研究组织CSIRO(Commonwealth Scientific and Industrial Research Organization)研发的计算软件BurrlizO进行曲线拟合。

(4) 分别计算急、慢性毒性暴露下,各有机污染物对应5%累积概率的急、慢性污染物浓度(HC5)。

(5) 结合2008年梅梁湖水体有机污染物浓度,计算急、慢性对应的水生生物受单一、联合有毒有机污染物潜在影响的比例(PAF、mSPAF)。

### 3.5.2.3 梅梁湖有毒有机污染物生态风险评价结果

1. 梅梁湖单一有毒有机污染物生态风险评价结果

采用BurrlizO软件对上述14种有机污染物进行SSDs拟合，根据所得的SSDs曲线及急性HC5值的大小排列，得到蒽、苯并芘和六氯苯的急性HC5值分别为2.745 μg/L、3.358 μg/L和0.131 μg/L，均低于5 μg/L，表明水生生物对它们都具有较高的敏感度，并以六氯苯的危害最大。

根据慢性HC5值的大小排列，蒽、苯并芘、六氯苯、五氯酚、芘、六氯环戊二烯、菲的HC5值分别为0.881 μg/L、0.887 μg/L、1.691 μg/L、1.963 μg/L、2.531 μg/L、3.099 μg/L、3.451 μg/L，均低于5 μg/L，表明水生生物对于这七种有机污染物都具有较高的敏感度，并以蒽、苯并芘危害最大。

根据表3.5.5中水体各单一有机污染物的浓度，计算出四季急、慢性单一有毒有机污染物潜在影响比例(PAF)，计算结果见表3.5.6。

**表3.5.6 2008年太湖梅梁湖单一有毒有机污染物急、慢性潜在影响比例**

| 污染物 | 急性PAF(%) | | | | 慢性PAF(%) | | | |
|---|---|---|---|---|---|---|---|---|
| | 春 | 夏 | 秋 | 冬 | 春 | 夏 | 秋 | 冬 |
| 六氯苯 | — | — | 3.90 | 3.18 | — | — | 0.51 | 0.30 |
| 五氯酚 | — | — | — | 0.00 | — | — | — | 0.03 |
| 六氯环戊二烯 | — | — | 0.00 | 0.00 | — | — | 0.00 | 0.00 |
| 2,4-二硝基甲苯 | 0.03 | — | 0.14 | 0.05 | 0.00 | — | 0.01 | 0.00 |
| 邻苯二甲酸二丁酯 | 0.75 | 0.42 | 0.83 | 0.53 | 0.10 | 0.00 | 0.20 | 0.00 |
| 邻苯二甲酸丁苄酯 | 0.00 | — | — | — | 0.00 | — | — | — |
| 邻苯二甲酸二辛酯 | 0.00 | 0.00 | 0.00 | 0.00 | 6.81 | 0.68 | 0.00 | 0.00 |
| 邻苯二甲酸二甲酯 | — | — | 0.00 | 0.00 | — | — | 0.00 | 0.00 |
| 邻苯二甲酸二乙酯 | 0.00 | 0.00 | 0.00 | 0.00 | 0.00 | 0.00 | 0.00 | 0.00 |
| 菲 | 0.00 | 0.00 | 0.00 | 0.00 | 0.00 | 0.00 | 0.00 | 0.00 |
| 蒽 | 0.00 | 0.00 | 0.00 | 0.00 | 0.00 | 0.00 | 0.00 | 0.00 |
| 芘 | 0.00 | — | 0.00 | 0.00 | 0.06 | — | 0.04 | 0.03 |

**续表**

| 污染物 | 急性 PAF(%) | | | | 慢性 PAF(%) | | | |
|---|---|---|---|---|---|---|---|---|
| | 春 | 夏 | 秋 | 冬 | 春 | 夏 | 秋 | 冬 |
| 苯并芘 | 0.00 | — | 0.00 | 0.00 | 0.00 | — | 0.00 | 0.00 |
| 芴 | 0.00 | — | — | 0.00 | 0.23 | — | — | 0.09 |

注:“—”表示未检出,其中采样月份分别为 3 月、6 月、9 月、12 月。

由上表可知,从急性毒性角度看,六氯苯具有较大的急性潜在影响比例(秋季 PAF 为 3.90%,冬季 PAF 为 3.18%)。因为 PAF 不仅与环境暴露浓度相关,还与目标物质的 SSDs 拟合参数有关,即引起生态环境受损的原因除了水体中有毒有机污染物浓度大小以外,还与相应有毒有机污染物性质密切相关。虽然六氯苯水环境暴露浓度不高(秋季:0.048 $\mu g \cdot L^{-1}$,冬季:0.021 $\mu g \cdot L^{-1}$),但急性 HC5 值(0.131 $\mu g \cdot L^{-1}$)最小,生物具有高敏感度和低耐受性,所以仍能产生很大的生态风险。

同时,从慢性毒性角度看,邻苯二甲酸二辛酯在春季表现出最大的慢性潜在影响比例 PAF(6.81%)。虽然邻苯二甲酸二辛酯 HC5 值较高(7.505 $\mu g \cdot L^{-1}$),生物慢性耐受性强、敏感度低,但它的春季水体暴露浓度高(8.371 $\mu g \cdot L^{-1}$),所以同样能产生很大的生态风险。

### 2. 梅梁湖联合有毒有机污染物生态分析结果

根据毒性作用机理的不同,将 14 种目标污染物分为 6 组:①邻苯二甲酸酯类 PAEs(包括邻苯二甲酸二丁酯、邻苯二甲酸丁苄酯、邻苯二甲酸二辛酯、邻苯二甲酸二甲酯、邻苯二甲酸二乙酯);②多环芳烃类 PAHs(包括菲、蒽、芘、苯并芘、芴);③六氯苯;④五氯酚;⑤六氯环戊二烯;⑥2,4-二硝基甲苯。

应用联合潜在影响比例(msPAF)对混合有毒有机污染物进行定量风险表征,结果见表 3.5.7。

**表 3.5.7　太湖梅梁湖有毒有机污染物联合生态风险**

| 污染物 | 急性 msPAF(%) | | | | 慢性 msPAF(%) | | | |
|---|---|---|---|---|---|---|---|---|
| | 春 | 夏 | 秋 | 冬 | 春 | 夏 | 秋 | 冬 |
| PAEs | 0.00 | 0.00 | 0.00 | 0.00 | 5.21 | 0.49 | 0.08 | 0.00 |

**续表**

| 污染物 | 急性 msPAF(%) | | | | 慢性 msPAF(%) | | | |
|---|---|---|---|---|---|---|---|---|
| | 春 | 夏 | 秋 | 冬 | 春 | 夏 | 秋 | 冬 |
| PAHs | 0.37 | 0.12 | 1.76 | 0.50 | 0.01 | 0.00 | 0.01 | 0.00 |
| 六氯苯 | — | — | 3.90 | 3.18 | — | — | 0.51 | 0.30 |
| 五氯酚 | — | — | — | 0.00 | — | — | — | 0.03 |
| 六氯环戊二烯 | — | — | 0.00 | 0.00 | — | — | 0.00 | 0.00 |
| 2,4-二硝基甲苯 | 0.03 | — | 0.14 | 0.05 | 0.01 | 0.00 | 0.01 | 0.00 |
| 全部污染物 | 0.40 | 0.12 | 5.72 | 3.71 | 5.22 | 0.49 | 0.61 | 0.33 |

注:“—”表示未检出,其中采样月份分别为3月、6月、9月、12月。

由上表可知,急性联合毒性大小排列为:秋季(5.72%)>冬季(3.71%)>春季(0.40%)>夏季(0.12%),秋、冬季联合毒性效应明显高于其他两季,主要贡献者为六氯苯。这是因为msPAF与单一有机污染物的PAF成正比,所以可将单一PAF较高的有机污染物视为联合风险的主要贡献者。

同时,慢性联合毒性大小排列为:春季(5.22%)>秋季(0.61%)>夏季(0.49%)>冬季(0.33%)。太湖梅梁湖水体总体上的联合生态风险较小(94%以上的水生生物未受影响),水体污染较轻,仍处于可控阶段;但由于邻苯二甲酸酯类(PAEs)在春季的水环境浓度较高,使得春季风险远远大于其他三季,可将PAEs视为主要贡献者,其中邻苯二甲酸二辛酯的影响最大;此外,由于六氯苯慢性HC5值(1.691$\mu g \cdot L^{-1}$)极低,水生生物对其具有极高的敏感度和低耐受性。所以建议管理部门在加强春季(枯水期)污染控制的同时,提高邻苯二酸二辛酯和六氯苯污染源的控制力度。同时,虽然蒽、苯并芘水体中暴露浓度不大,但HC5值极低,生物敏感性高,所以还应密切关注蒽、苯并芘浓度的上升。

### 3.5.3 太湖流域重污染区梅梁湖水体富营养化生态风险评估

通过对太湖梅梁湖氮、磷负荷总量估算,分析梅梁湖藻类暴发的生态风险源,对点源、面源、流动源、大气沉降、外太湖输入、内源、底泥释放以及反硝化脱氮作用进行相关研究。

### 3.5.3.1　梅梁湖水体各点源氮、磷总量估算

1. 梅梁湖点源总氮、总磷估算

梅梁湖周边主要入湖点源为直湖港闸、犊山口枢纽、五里湖节制闸、梅梁湖水利枢纽、武进港闸、古竹运河以及吴塘门套闸等。梅梁湖水体所有主要点源氮、磷年负荷总量如表 3.5.8 所示。总体来说，由于闸控及泵站的影响，使得点源氮、磷负荷在总量上以输出为主，分别为 1 543.4 t、64.9 t。

**表 3.5.8　梅梁湖水体各点源氮磷负荷情况表**

| 闸坝名称 | 年份 | 流量($m^3$) | 总氮(t) | | 总磷(t) | |
|---|---|---|---|---|---|---|
| | | | 水体 | 藻类 | 水体 | 藻类 |
| 直湖港闸 | 2010 年 | — | — | — | — | — |
| 犊山口枢纽 | 2010 年 | $-3.5\times10^8$ | $-9.2\times10^2$ | −54.9 | −30.2 | −3.4 |
| 五里湖节制闸 | 2010 年 | — | — | — | — | — |
| 梅梁湖水利枢纽 | 2010 年 | $-3.5\times10^8$ | $-9.2\times10^2$ | −54.9 | −30.2 | −3.4 |
| 武进港闸 | 2010 年 | $7.9\times10^7$ | $4.1\times10^2$ | — | 2.3 | — |
| 古竹运河 | 2010 年 | — | — | — | — | — |
| 吴塘门套闸 | 2010 年 | — | — | — | — | — |
| 总量 | | $-6.2\times10^8$ | $-1.54\times10^3$ | −64.9 | | |

注："—"表示未检出。

2. 梅梁湖面源总氮、总磷估算

运用 GIS 和 RS 技术，结合 SCS(Soil Conservation Service)模型和负荷输出经验方程，估算梅梁湖总氮、总磷平均面源负荷量。

采用 2010 年作为基准年。基础数据包括 90 m 分辨率的数字高程模型、30 m 分辨率的 Landsat TM 影像、逐日水位、流量资料以及水质监测数据等。

对 Landsat TM 影像进行几何校正、影像拼接、直方图匹配、颜色纠正等操作，运用监督分类解译得到疏林地、林地、水田、旱地、建设用地、水域和未利用地 7 大类利用类型，如图 3.5.2 所示，各利用类型面积及占比见图 3.5.3。

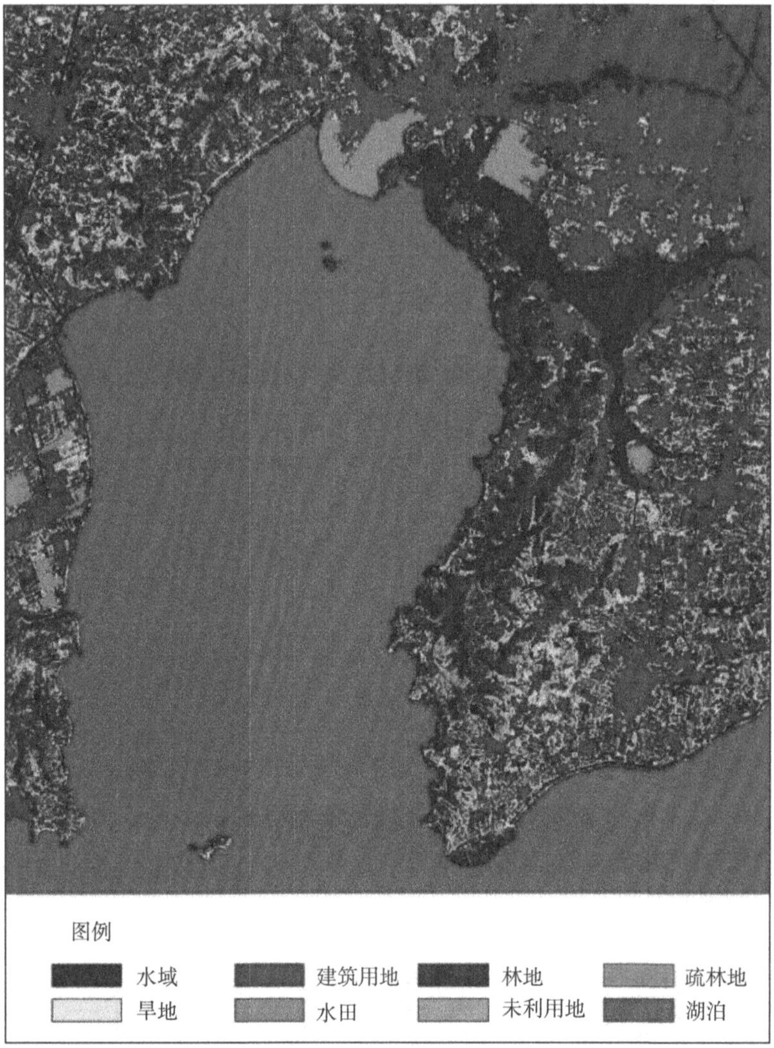


**图 3.5.2　太湖梅梁湖流域土地利用分布图**

由于 SCS 模型综合考虑了不同土壤类型、土地利用方式及前期土壤含水量等因素影响下降雨形成的地表径流深，模型简单却意义明确，因此采用 SCS 模型和负荷输出经验方程研究梅梁湖流域面源负荷的空间分布特征，得出各土地利用类型的面源贡献程度。

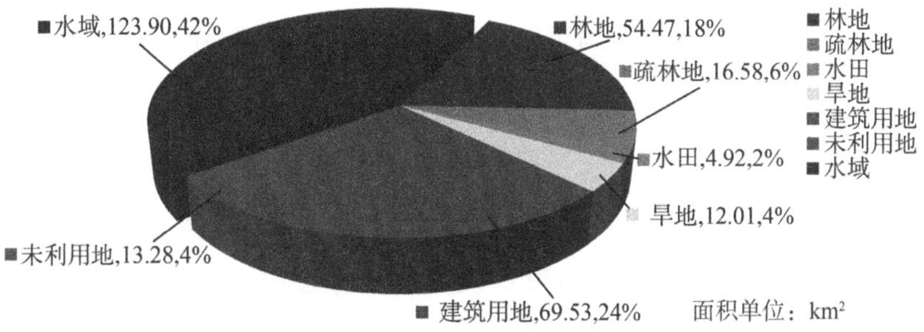


**图 3.5.3　太湖梅梁湖流域各利用类型面积及占比**

面源负荷的经验输出方程如下：

$$W = \lambda \sum_{i=1}^{n} Q_i \cdot C \cdot f \cdot \delta \tag{3-24}$$

式中：$W$ 为区域年产生的面源氮、磷负荷，t；$Q_i$ 为第 $i$ 类土地利用类型降雨形成的径流深，mm；$S_i$ 为第 $i$ 类土地利用类型面积，m$^2$；$C_N$、$C_P$ 分别为第 $i$ 类土地利用类型降雨径流中氮、磷污染物的输出浓度，mg/L；$f$ 为不同降雨量形成的污染物输出浓度稀释系数，无量纲；$\delta$ 为面源负荷随流域汇流迁移的入河系数，无量纲；$\lambda$ 为单位换算系数，$10^{-9}$。

根据式 3-26 方程计算得出面源氮磷负荷见图 3.5.4。

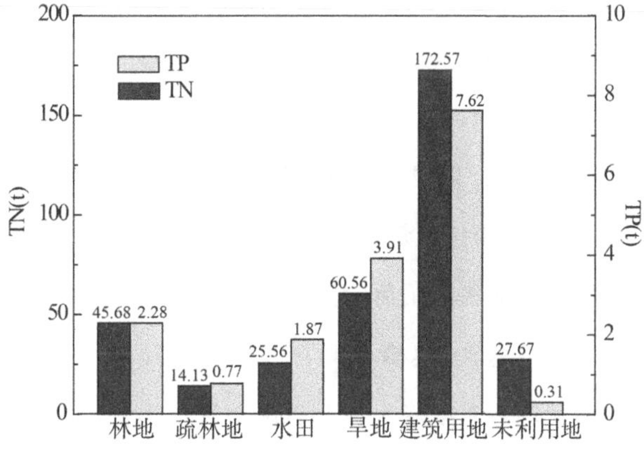


**图 3.5.4　太湖梅梁湖域域各土地利用类型氮磷负荷**

由图 3.5.4 可知，2010 年太湖梅梁湖流域面源氮、磷总负荷分别为 346.17 t、16.76 t。各土地利用类型氮负荷贡献大小为：建筑用地(172.57 t)＞旱地(60.56 t)＞林地(45.68 t)＞未利用地(27.67 t)＞水田(25.56 t)＞疏林地(14.13 t)；磷负荷贡献大小为：建筑用地(7.62 t)＞旱地(3.91 t)＞林地(2.28 t)＞水田(1.87 t)＞疏林地(0.77 t)＞未利用地(0.31 t)。其中建筑用地的氮磷负荷远远大于其他土地类型的负荷量，不仅是因为建筑地面积大于其他类型，也是由于建筑地表积留氮磷能力弱造成的；另外旱地面积不大，但氮磷负荷仍较大，这也与旱地地表特征有关，所以应加强旱地地表植被覆盖工程，以阻挡大量的氮磷输入湖体；此外，面积最小的水田也提供了较大的氮磷负荷，不规范地使用氮磷肥料可能是导致这种情况的原因。

3. 梅梁湖流动源总氮、总磷估算

梅梁湖流动源主要为湖体中运输船只排放的生活污水、船体压载水中携带的外来藻种以及氮、磷。船体压载水中携带的外来藻种以及氮、磷可近似认为与梅梁湖水体相同，所以本书只考虑湖体中运输船只排放的生活污水的总氮、总磷。

通过对梅梁湖湖区的实地考察，直湖港、武进港水利枢纽处主要为柴油机货船，日平均通港船只为 65 艘，船员人数 2 人/艘(属于家庭式作业)。部分船只具备污水收集箱，但是一般没有氮、磷处理功能，另外生活污水中的氮磷主要存在于人体粪便中，所以船只流动源中的氮、磷主要来自船员黑水。按照人均代谢平均值估计，人均每日粪便量为 200 g，其中含氮、磷比率分别为 1.0%、0.5%；尿液为 1 kg，其中含氮、磷比率分别为 0.5%、0.13%。假设所有进港船只所有船员将生活污水全部直接倾倒入梅梁湖，得出年最大氮、磷排放量分别为 0.332 t、0.109 t。由此可知，梅梁湖水体由船舶引入的氮磷极少，对氮磷负荷的贡献极小。

4. 梅梁湖大气沉降总氮、总磷估算

通过对 2010 年梅梁湖各季度降水量及氮磷浓度的监测结果，得到梅梁湖水体大气湿沉降携带氮、磷量，结果见表 3.5.9。

**表 3.5.9　2010 年梅梁湖水域大气总氮、总磷湿沉降量**

| 时间 | 降水量(mm) | $C_N$(mg/L) | TN(t) | $C_P$(mg/L) | TP(t) |
|---|---|---|---|---|---|
| 1—3 月 | 72.0 | 2.13 | 19.02 | 0.008 | 0.07 |
| 4—6 月 | 62.4 | 1.72 | 13.28 | 0.005 | 0.04 |
| 7—9 月 | 122.1 | 1.56 | 23.59 | 0.005 | 0.08 |
| 10—12 月 | 25.0 | 1.51 | 4.67 | 0.013 | 0.04 |
| 总量 | | | 60.56 | | 0.23 |

根据梅梁湖大气氮、磷干沉降通量的相关研究，确定梅梁湖上空总氮、总磷干沉降量。最终得出相应的大气沉降中携带的氮、磷总量，结果见表 3.5.10。

**表 3.5.10　2010 年梅梁湖区域大气总氮、总磷表观总沉降**

| 时间 | 干沉降通量 | | | | 湿沉降 | | 年总量 | |
|---|---|---|---|---|---|---|---|---|
| | ΦN($kg/km^2$) | TN(t) | ΦP($kg/km^2$) | TP(t) | TN(t) | TP(t) | TN(t) | TP(t) |
| 2010 年 | 804.00 | 99.53 | 4.00 | 0.49 | 60.56 | 0.23 | 160.08 | 0.71 |

注：采样点设置在太湖站水面观测场得栈桥(31°25′8.4″N，120°12′50.4″E)。

大气颗粒磷中水溶性无机磷占总颗粒磷的 15.6%～51.0%，这是由于大气中磷的主要来源为垃圾焚烧、发电厂等产生的废气，而废气中的磷大部分在遇到高温后即转变为无机磷。其中水溶性无机磷为梅梁湖水体中的藻类提供可直接利用的营养源。此外，太湖梅梁湖的氮沉降物主要由水溶性氮组成，平均约占 91.4%，而磷沉降物中水溶性磷比例相对较低，平均约为 65.1%。另外，大气氮的输送以湿沉降为主。因此，降水量的分布形态和多少直接制约着该地区大气总氮沉降通量的分布和年沉降量。而磷是水生生态系统重要的限制因子，雨水可以改变标称水中磷浓度和水体中氮磷比，所以对于像梅梁湖这样的浅水湖而言，历经较高沉降通量的月份时，大气沉降可以及时补充水体中藻类或水生植物生长所消耗的营养盐，对梅梁湖夏、秋高水温期蓝藻水华大规模暴发事件起到一定的促进作用。

5. 外太湖进入梅梁湖总氮、总磷估算

梅梁湖来自外太湖的氮、磷输入，一部分来自外太湖水量补给中携带的氮、磷；

另一部分来自于风场作用下外太湖藻类漂移入湾所携带的氮、磷。

为了估算外太湖水量补给中的总氮、总磷，本书选取梅梁湖西至东的三处位点，分别为椒山、拖山和乌龟山，这三个位点自西向东分布，能较好地表征外太湖进入梅梁湖的水质情况。根据无锡监测站 2009 年对以上三个位点的监测数据，得到外太湖进入梅梁湖水体氮、磷的平均浓度分别为 2.58 mg/L、0.06 mg/L。另外，梅梁湖年平均水量基本不变，可将梅梁湖外排水量视为外太湖补给水量的大小($6.2\times10^8$ $m^3$)。所以外太湖补给梅梁湖水体的氮、磷年总量分别为 1 599.6 t、37.2 t。

有关外太湖藻类漂移总氮、总磷，梅梁湖与太湖主体湖区虽然有明显的边界，但在太湖主要的湖流形式——风生流的作用下，太湖主体湖区的营养盐随湖流流动和藻类随湖流的漂移对梅梁湖的水质势必会产生影响。已有研究表明，由于风引起的藻类聚集可能是梅梁湖水华暴发的主要原因之一。风对藻类水平迁移的作用可以分为两种情况：① 水藻随风生流运动，运动速度即水的流速，水藻在水中呈颗粒态；② 漂浮在水面上的大片席状水藻聚集体，其水平运动的主要动力是风，运动速度大于湖流流速。本书主要对外太湖通过风集作用引入湾内的藻类引起总氮、总磷的变化量进行研究。

太湖夏季的主导风向 6、7 月份为东南风，8 月份为东、东偏南、东偏北。由于梅梁湖位于太湖的正北位置，严重水华暴发时，南来风可将梅梁湖外太湖的席状水华吹进梅梁湖，加剧梅梁湖的水华。白晓华等根据梅梁湖风速与水华藻漂移的相关方程，得出在风场作用下外太湖进入梅梁湖的席状藻聚集体面积的计算公式如下：

$$S=\cos(\theta)\times v_{藻}\times t\times L\times 3.6 \tag{3-25}$$

$$\ln(1\,000\times v_{藻})=1.205\,6\times v_{风}+1.405\,5,\ v_{风}\leqslant 2.8\ \mathrm{m/s} \tag{3-26}$$

式中：$S$ 为漂移面积，$km^2$；$\theta$ 为各风向矢量与正南(南风为 0°)矢量的夹角；$t$ 为风的历时，h；$v_{藻}$ 为水华藻类漂移速度，m/s；$v_{风}$ 为风速，m/s；$L$ 为梅梁湖断面长度，km。

梅梁湖面积约 127 $km^2$，当太湖站湖面观测到水华时，梅梁湖几乎完全被水华所覆盖，以 24 h 的时间尺度衡量，由风力漂移进入梅梁湖的水华可占整个水华面积的 3.7%～13.3%，取平均值为 8.5%。根据相关藻类氮磷含量数据，氮、磷浓度分别为

$1.84\times10^{-4}$ mg/万个、$1.23\times10^{-5}$ mg/万个，且外太湖水华主要集中于水深 0.5 m 以上水体，所以取上层水体进行研究，得出外太湖大片席状藻入湾藻氮、磷总量，结果见表 3.5.11。

**表 3.5.11　外太湖藻类入湾氮磷总量情况表**

| 时间 | 入湾水华 | 藻类氮磷浓度(mg/L) | | 外太湖入湾氮磷负荷(t) | |
|---|---|---|---|---|---|
| | 密度(万个/L) | $C_N$ | $C_P$ | TN | TP |
| 2009 年 4 月 | 1 581 | 0.291 | 0.019 | 1.53 | 0.10 |
| 2009 年 5 月 | 1 966 | 0.362 | 0.024 | 1.91 | 0.13 |
| 2009 年 6 月 | 1 664 | 0.306 | 0.020 | 1.61 | 0.11 |
| 2009 年 7 月 | 7 140 | 1.314 | 0.088 | 6.92 | 0.46 |
| 2009 年 8 月 | 5 925 | 1.091 | 0.073 | 5.74 | 0.38 |
| 2009 年 9 月 | 4 981 | 0.917 | 0.061 | 4.83 | 0.32 |
| 2009 年 10 月 | 4 291 | 0.791 | 0.053 | 4.17 | 0.28 |
| 年总量 | | | | 45.80 | 3.10 |

由于梅梁湖藻密度与时间有关，因此将入湾藻类分为高密度期和低密度期，外太湖氮、磷总贡献量见表 3.5.12。

**表 3.5.12　外太湖进入梅梁湖氮磷总量情况表**

| 项目 | 水流携带氮、磷补给(t) | 入湾藻类携带氮、磷补给(t) | | 总量(t) |
|---|---|---|---|---|
| | | 低密度期 | 高密度期 | |
| | | 4—6 月 | 7—10 月 | |
| TN | 1 599.60 | 5.06 | 21.66 | 1 645.40 |
| TP | 37.20 | 0.34 | 1.44 | 40.30 |

由于梅梁湖特殊的地理位置和特殊的地形，会导致漂移到湾内的藻类发生堆积，不会再随湖流漂出，所以可能出现短时间内藻类浓度迅速增加的现象。由表 3.5.12可知，外太湖入湾的水华中所携带的氮磷量较大(年氮、磷总量分别为45.8 t、3.0 t)，所以由于风集作用导致的蓝藻在湾内堆积，且携带大量氮磷入湾的现象是显著存在的。另外，由于外太湖水体高浓度的氮磷量，致使水流携带大量氮磷量入湾，应予以一定的控制。

### 6. 梅梁湖内源藻类所含总氮、总磷估算

蓝藻是梅梁湖主要的藻种类型，而蓝藻中微囊藻属的细胞数占总细胞数的比例将近90%，其中粒径为150～200 μm的微囊藻群体是微囊藻水华中的主要群体。叶琳琳等对梅梁湖蓝藻细胞裂解速率进行分析，得出梅梁湖水体平均细胞裂解速率为0.259/d，将梅梁湖水体藻密度扣除裂解量得藻类净密度。同时，采样水来自梅梁湖富含藻类的水深0.5 m以上水体，故取0.5 m上层水作为研究对象，即内源藻类携带氮、磷总量分别为123.0 t、8.21 t，详见表3.5.13。

**表3.5.13 梅梁湖内源藻类携带氮磷总量情况表**

| 项目 | 藻类低密度期(4—6月) | | 藻类高密度期(7—10月) | | 年总量(t) |
|---|---|---|---|---|---|
| | 净密度(万个/L) | 贡献值(t) | 净密度(万个/L) | 贡献值(t) | |
| TN | 355 | 12.15 | 1 303 | 59.55 | 123.00 |
| TP | | 0.81 | | 3.98 | 8.21 |

注：数据来源于无锡环境监测中心(2009年)。

### 7. 梅梁湖底泥释放总氮、总磷估算

梅梁湖属于浅水湖泊，有机颗粒物质在底泥掩埋产生的还原环境中发生降解，析出进入孔隙水，风动力使得表层的数厘米至数十厘米底泥发生悬浮，底泥孔隙水中营养盐发生释放，在风浪过程结束后，悬浮沉积物沉降至湖底，有机物继续降解等待下一次风浪的来临。故控制湖泊富营养化除了要控制外源污染以外，还需对湖泊内源营养盐释放进行研究。

本书选择的采样点位于太湖梅梁湖鼋头渚国家重点游览区附近(31°31′33.9″N，120°12′35.2″E)。

沉积物-水界面氮、磷释放通量计算采用Fick第一扩散定律：

$$J = \phi D_S dc/dz \tag{3-27}$$

式中：$\phi$为沉积物样品的孔隙率；$D_S$为无机氮、磷离子在沉积物中的扩散系数；$dc/dz$为沉积物-水界面的浓度梯度，是间隙水样品与上覆水样品之间的浓度差，本书采用表层0～2 cm沉积物间隙水与底层上覆水之间的浓度差来计算($dz$=1 cm)。沉积

物的扩散系数($D_S$, $cm^2/s$)可以用下式来计算：

$$D_S = D_0/\theta^2 \tag{3-28}$$

式中：$D_0$为水中的扩散系数；$\theta$为沉积物弯曲度。在进行逐月的通量计算时扩散系数$D_0$($NH_4^+$为$19.8\times10^{-6}$ $cm^2/s$，$HPO_4^{2-}$为$7.34\times10^{-6}$ $cm^2/s$)根据原位的温度进行校正。沉积物的弯曲度可以通过下式来计算：

$$\theta^2 = 1-\ln(\phi^2) \tag{3-29}$$

其中，由于$NO_3^-+NO_2^-$通量较小，而且在试验中一直表现为向下的通量，所以本书只计算和讨论铵态氮交换通量。且太湖底泥面积占水域面积的 66%，即可得梅梁湖底泥面积为 81.8 $km^2$。所以，最终得全年梅梁湖底泥氮、磷释放量分别为$3.1\times10^2$ t、−1.2t，磷表现为底泥吸附状态。其中，2009 年实验结果表明，疏浚后底泥的氮、磷平均释放率为 10.4 mg/($m^2$ · d)、−41.0 μg/($m^2$ · d)。

8. 梅梁湖脱氮作用释放总氮估算

在犊山口、三山以及湾中心设置三处采样点，对梅梁湖水土界面反硝化和厌氧氨氧化进行分析研究，通过同位素配对技术和膜进样质谱仪(Membrane Inlet Mass Spectrometry, MIMS)测定样品中氮气及其同位素组分，计算各采样点脱氮速率，得梅梁湖总反硝化速率为 68.71 μmol/($m^2$ · h)，年反硝化脱氮量为$1.04\times10^3$ t。

#### 3.5.3.2　梅梁湖水体氮、磷总量估算

根据上文计算方法得出的总氮、磷的总量估算结果如表 3.5.14 所示。总体上采用 2010 年数据，对于梅梁湖水体氮、磷负荷的表征具有时效性。梅梁湖水体氮、磷估算输入总量分别为−1.63 t、−0.01 t。

**表 3.5.14　2010 年梅梁湖流域各源氮、磷贡献值情况表**

| 序号 | 项目 | TN(t) | N 输入贡献率(%) | TP(t) | P 输入贡献率(%) |
|---|---|---|---|---|---|
| 1 | 梅梁湖水体点源 | $-1.54\times10^3$ | — | −64.90 | — |
| 2 | 梅梁湖流域面源 | $3.46\times10^2$ | 13.40 | 16.80 | 25.40 |
| 3 | 梅梁湖水体流动源 | 0.33 | 0.00 | 0.11 | 0.17 |

**续表**

| 序号 | 项目 | TN(t) | N输入贡献率(%) | TP(t) | P输入贡献率(%) |
|---|---|---|---|---|---|
| 4 | 梅梁湖大气沉降 | $1.60\times10^{2}$ | 6.19 | 0.71 | 1.07 |
| 5 | 外太湖进入梅梁湖水华 | $1.65\times10^{3}$ | 63.70 | 40.30 | 61.00 |
| 6 | 梅梁湖内源藻类 | $1.23\times10^{2}$ | 4.76 | 8.21 | 12.40 |
| 7 | 梅梁湖底泥释放 | $3.10\times10^{2}$ | 12.00 | −1.20 | — |
| 8 | 梅梁湖脱氮作用释放 | $-1.04\times10^{3}$ | — | — | — |
| 总量 | | −1.63 | | −0.01 | |

注:“—”表示该源氮磷属于外排;“/”表示无此项作用。

从各源输入量来看,梅梁湖仍然存在氮、磷大量输入的潜在危险。对总氮、总磷贡献量最大的均为外太湖输入部分(TN:63.7%,TP:61.0%),占总量的一半以上,根据本书研究分析,除水华漂入梅梁湖所携带的氮磷以外,外太湖向梅梁湖进行水量补给所带来的氮磷输入量极大,外太湖水体氮磷浓度偏高,应开展此方面的控制工作。

同时,氮、磷各源输入贡献率是基本一致的,其中,TN:外太湖输入>面源>底泥>大气沉降>内源藻>流动源,TP:外太湖输入>面源>内源藻>大气沉降>流动源,应对其进行针对性的治理。

此外,梅梁湖在点源、脱氮作用中有氮的输出部分;在点源、底泥作用中有磷的输出部分。点源的氮、磷外排现象是由于在犊山口和梅梁湖水利枢纽处设有泵站,常年实行抽水外排,携带大量氮、磷;梅梁湖近年来的清淤政策,使水体中的磷出现吸附现象;虽然底泥中的氮仍为释放状态,但研究发现,底泥氮吸附总量已明显小于未清淤之前。所以上述两项政策的实施,对降低梅梁湖水体氮磷浓度同样起到了关键性的作用。

## 3.6 湖荡区饮用水源地风险评估技术方法与应用示范

饮用水源地风险评估技术方法与应用示范主要内容包括:

(1) 通过对黄浦江上游水源保护区以及保护区内地表水取水口上下游 2 km、纵深2 km陆域范围内有环境风险特征的工业企业和特殊企业进行调查，对水源地固定风险源进行统计分析，建立了水源地风险评估指标体系，并评估水源地风险综合情况，对风险处置提出了建议。

(2) 选择黄浦江上游饮用水水源保护区的淀峰海事站、米市渡海事站以及闵行海事站3处具有代表性的江段，开展了历时72小时的黄浦江上游水源地流动源实地观察，记录了经过水源保护区船舶的船只属地类型、数量、流量、流向、载货等情况，并进行了统计与分析。在此基础上对黄浦江上游水源地流动风险源进行了评估分析，提出了风险控制措施。

(3) 借鉴应用于突发水质污染事件快速评估的"特征时间指数法"，构建了淀山湖蓝藻水华暴发的风险评估方法，给出定性和半定量的描述蓝藻暴发风险的评估方法，以"蓝藻暴发预期时间"作为风险评估的主要表达结果，对蓝藻暴发给出短期和中期的风险预警。

## 3.6.1 湖荡区水源地风险评估指标体系

### 3.6.1.1 湖荡区水源地周边风险源状况调研

上海市河网水流流速约为0.1 m/s，若要求环境风险事故的最大响应时间为6小时，则污染物可能的最大流动距离约为2 km。考虑上海市处于平原感潮河网地区，选取黄浦江上游饮用水水源保护区以及保护区内地表水取水口上下游2 km、纵深2 km陆域作为调查范围。

根据国家环保部要求，结合上海市实际情况，确定固定风险源的调查对象为有环境风险特征的工业企业和特殊企业，主要类型包括：

(1) 特征行业企业：化工、医药、印染、电镀、仓储企业等五类；

(2) 污水处理厂；

(3) 环境污染治理设施运营资质企业；

(4) 危险废物收集处置单位。

调研以污染源普查资料以及其他统计资料为基础，对风险企业进行了初步筛查。通过现场调查的方式进行核查，补充未列入初名单的风险企业。五类特征行业企业排查的重点是废水排放量、危险化学品用量、危废产生量以及雨污水的排放去向；危废处置单位和运营资质单位的排查重点是处理废物（废水）的来源、数量、主要成分，以及处理单位的处理能力与承担的废物（废水）处理量是否匹配、处理设施运行状况、企业管理状况、违法情况等；仓储企业重点要摸清涉及危险品储存的企业。根据排查反馈结果，对水源地的风险源进行分类统计分析，并评估风险企业的风险等级以及水源地风险综合情况。

风险源排查结果显示，调查范围内的特征行业企业（化工、医药、印染、电镀、仓储企业）中风险源总数为 523 个，其中取水口周边（16 $km^2$）范围内风险源数量为 124 个，在取水口周边以外且位于黄浦江上游水源保护区内的风险源数量为 399 个。在黄浦江上游水源保护区内的污水处理厂有 12 座，设计处理能力为 39.6 万 t/d；环境污染治理设施运营资质企业 4 家；危险废物收集处置单位 3 家。具体分布如图 3.6.1所示。

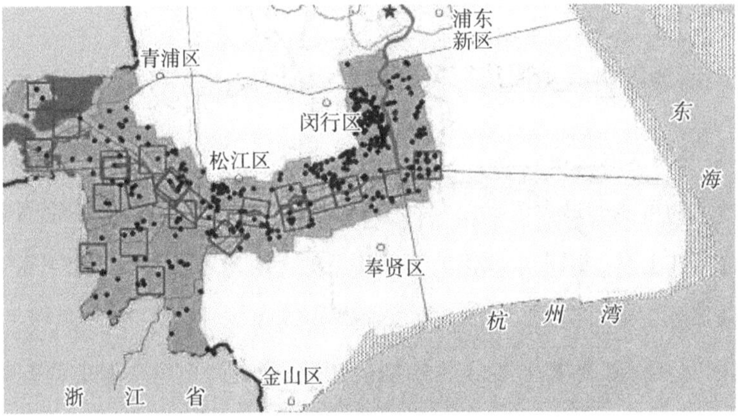


**图 3.6.1 黄浦江上游水源保护区风险企业分布图**

### 3.6.1.2 建立水源地风险评估指标体系

在风险源调查的基础上，上海市环保局组织召开了专家咨询会议，共邀请了环保、水务等方面的 9 位专家共同论证风险评估方案。专家组在水源地风险要素初步调研的基础上，讨论形成了水源地综合评估指标体系，并赋予各指标权重。

经专家论证，水源地（取水口）的综合评估考虑了水源地（取水口）的风险状况、自身条件、监管情况等三个方面，确定了评估指标体系，并划分了高、中、低三个级别。同时还确定了各项指标的权重。最终建立的水源地（取水口）综合评估指标体系如表 3.6.1 所示。

**表 3.6.1　水源地（取水口）综合评估指标体系**

| 评估因子 | 权重 | 评价指标 | 权重 | 风险要素值划分 | | |
|---|---|---|---|---|---|---|
| | | | | 高风险（3 分） | 中风险（2 分） | 低风险（1 分） |
| 风险状况 A1 | 42.33 | 风险源数量 A11 | 20.44 | ＞5 个 | 2 个＜企业数≤5 个 | ≤2 个 |
| | | 风险源风险程度 A12（企业计算风险值） | 28.89 | ＞458 | 368＜风险值≤458 | ≤368 |
| | | 有毒有害物质超标 A13 | 26.56 | 有 | — | 无 |
| | | 最近 5 年内事故发生次数 A14 | 20.00 | ≥1 | — | 0 |
| | | 取水河道通航标准 A15（船舶载重吨位） | 16.11 | ≥1 000 t | 300 t≤吨位＜1 000 t | ＜300 t |
| 自身条件 A2 | 30.44 | 取水口河道水质 A21（29 项指标） | 39.00 | 超标因子≥6 个 | 3≤超标因子≤5 个 | 超标因子≤2 个 |
| | | 取水口所在河道等级 A22 | 26.78 | 三级（支河） | 二级（次干河） | 一级（主干河） |
| | | 取水口所在河道流态 A23 | 30.56 | 不可控 | — | 可控 |
| 监管情况 A3 | 27.22 | 供应水厂级别 A31 | 23.78 | 镇级 | 区级 | 市级 |
| | | 取水口水质监测频率 A32 | 18.00 | 每年度一次 | 每季度一次 | 每月一次 |
| | | 水源地保护区划分与应急预案 A33 | 22.11 | 无划分、无预案 | 有划分无预案 | 划分并有预案 |
| | | 取水口和自来水厂是否有应急处理装置设备、防护措施 A34 | 27.78 | 无 | — | 有 |

### 3.6.1.3　黄浦江上游水源地风险状况评估结论

依据取水口状况评估指标体系，计算得到取水口综合评估值。结果显示，综合评估值在 4 300 到 12 775 之间。根据取水口综合评估值分布频度，确定评值≥

10 000为高风险，共有 9 个，占总数的 36%；评估值<7 000 为低风险，共有 4 个，占总数的 16%；其余的为中风险，共有 12 个，占总数的 48%。

青浦西岑水厂取水口曾因蓝藻问题停水，此外，松江大港水厂取水口、松江五库水厂、松江新浜水厂、青浦商塌水厂和青浦金泽水厂取水口的周边区域内有污水处理厂、垃圾填埋场。因此，根据“一票否决”原则，上述 6 个取水口的风险级别确定为高风险。

综合上述因素，最终确定的高风险取水口有 13 个(重复叠加两个)，中风险取水口 8 个(4 个中风险取水口认定为高风险)，低风险取水口为 4 个。

#### 3.6.1.4 风险处置方案

根据风险评估结果，上海市环境保护局组织“环保专项执法行动”，对 9 个区县建议搬迁关闭的饮用水源风险企业进行了现场调查，重点对象是中高风险企业，并与区县环保局共同商讨了建议搬迁关闭企业的处置方案，确定了 60 个建议搬迁关闭的企业名单。同时，随着供水集约化工作的推进以及水源地风险管理要求的落实，至 2010 年 8 月，已有 3 个取水口进行了关闭或归并。

截至 2009 年 9 月，60 个建议搬迁关闭的企业中已有 22 家关闭或搬迁，其中 2 家高风险，14 家中风险，6 家低风险；综合考虑企业的风险等级、所处的位置以及近期实施搬迁关闭的可能性，在 2010 年底前对 7 家企业实施搬迁关闭，其中松江区 4 个，闵行区 3 个；对其余尚未关闭的风险企业暂以限期整改和加强监管为主，其中青浦区有 10 个，闵行区 7 个；本次评价高风险企业共 104 个，除区县建议搬迁关闭的 17 个高风险企业外，另有建议限期整改的高风险企业 23 家，限期整改的高风险企业闵行区有 14 个，青浦区 6 个，松江区 3 个。

### 3.6.2 湖荡区水源地流动风险源调查评估

#### 3.6.2.1 黄浦江上游水源地流动风险源实地调查研究——测流工作

自 2010 年 11 月 19 日起历时 72 h，在黄浦江上游饮用水水源保护区的淀峰海事站、米市渡海事站以及闵行海事站记录经过水源保护区船舶的船只属地类型、数量、流量、流向、载货等情况并进行统计分析。具体内容包括：①记录船只过境时间；②记录船舶航向；③记录船舷号，以记录属地为主；④记录船舶大小型号，按载重大小将船舶分为大、中、小 3 个类型，划分依据是：大型船≥2 000 t，500 t≤中型船<2 000 t，小型船<500 t，米市渡站点的车客渡也计入测流内容中，划定为中型船；⑤记录船舶装载货物的类型，主要包括 3 类，分别是空载、散货以及危险品，散货需要在备注中注明具体货物种类，如沙土、煤等。其中，米市渡站点的装载货物选择散货。对于过境的拖船，记录船舶数量为 1 只。

观测结果显示，72 h 内过境船只共计 9 108 只，其中淀峰海事站观测到过境船只 868 只、米市渡海事站观测到过境船只 4 559 只、闵行海事站观测到过境船只 3 861 只。观测站点过境船只航向、船型及装载货物情况汇总于表 3.6.2。

**表 3.6.2　各观测站点过境船只航向、船型及装载货物情况汇总表**

单位：只

| 测流站点 | 总计 | 航向 | | 船型 | | 货物 | | | |
|---|---|---|---|---|---|---|---|---|---|
| | | 上行 | 下行 | 大 | 中 | 小 | 空载 | 散货 | 危险品 |
| 淀峰海事站 | 868 | 411 | 466 | 12 | 8 | 845 | 305 | 526 | 40 |
| 米市渡海事站 | 4 559 | 2 216 | 2 247 | 225 | 3 065 | 1 238 | 1 492 | 2 752 | 132 |
| 闵行海事站 | 3 861 | 1 919 | 1 940 | 1 76 | 800 | 2 781 | 1 437 | 2 342 | 72 |
| 总计 | 9 108 | 4 546 | 4 653 | 413 | 3 972 | 4 864 | 3 234 | 5 620 | 244 |

通过对测流结果的分析，得出以下结论：①黄浦江作为开放型水源地，同时又兼有航运的功能，以船舶为主的流动风险源对水源地安全具有很大的威胁。②米市渡渡口兼客运码头和货运码头的双重职能，每天从上海发出的平湖班、湖州班、海盐班、杭州班，以及从松江城里发往张泽、泖港、五厍等地的客轮都要在此停靠，因此米市渡过境船舶数量最大，选择米市渡站点的监测数据进行流动源风险分析与评估具有一定的代表性。③通过观测发现，船舶出行的高峰期与涨退潮时间一致，即涨潮时上行船舶数量大于下行，落潮期下行船舶数量大于上行，故推测船舶在黄浦江码头停留时间为 6 h 左右。④过境的船舶主要来自浙、苏、皖、沪、豫四省一市，主要运输的货物为沙土、碎石、煤以及其他废品，船舶类型以中型船为主。

### 3.6.2.2 黄浦江上游水源地流动风险源评估研究

1. 流动风险源识别

本书在测流工作的基础上，识别以船舶为载体的流动风险源类型、大小及其危害。确定黄浦江上游水源保护区内流动风险源主要包括：危险化学品船舶污染源、垃圾固废船舶污染源以及船舶配员生活污染源三个方面。

危险化学品船舶污染源：危险化学品主要载运货种有油类、散装液体化学品（主要为三酸两碱）、液化气及其他。米市渡海事站监测站点 72 h 观测结果显示共有 132 只危险品船舶经过此处。主要危险品包括以下 3 类：油类、散装液体化学品、液化气及其他。目前黄浦江船舶运输的危险化学品 47 种、油品 13 种，包括需要禁止运输的二氯乙烷等，另外还有 46 种化学品监管不够。测流期间，平均每日过经米市渡的危险品船舶 44 只，以每艘船运载 1 000 t 危险化学品或油品计算，每日黄浦江米市渡处将承载 4.4 万 t 危险品，每年黄浦江上游饮用水水源保护区内经过的危险品数量达 1 606 万 t 左右。

垃圾固废船舶污染源：此次观测到过境米市渡海事站监测站点的垃圾固废船舶共有 111 只，平均 37 只/d，大部分运载的货物为废土方、碎石料、江面打捞的水葫芦等，通常采取散装方式。垃圾固废船舶对黄浦江取水口水质污染危害程度低于危险化学品船舶。

船舶配员生活污染源：记录米市渡站点 3 日内过境船舶 4 559 只，估计船舶配员共约 23 904 人，平均每日船舶运输 8 000 人次左右。相当部分船舶未安装油水分离器和生活污水处理装置，少数船舶安装了油污处理设备也弃而不用，将含油污水直接排入江河湖泊。根据国家环保局推荐生活源 COD 排放量计算公式，COD 产生系数南方城市平均值为 90 g/(人·d)，据此推算船舶配员的生活 COD 排放量：生活 COD 排放量＝8 000 人×90g /(人·d)×365＝262.8 t。

2. 高风险事件评估

本书在测流工作基础上，从船舶数量、配员、属地、装载货物类型等方面对黄浦江水源上游保护区内的流动风险进行定性评估。

1）风险高发窗口时间评估

高风险事件：涨潮落潮期间为船舶航行的风险高发期，最大船只数量约140只/h，占每日船舶通过数量的40%；涨潮落潮之间这段时期，为部分船舶在水源保护区内停留时间，为搁浅溢油风险高发期。推测船舶在黄浦江各渡口停留时间达6至12 h，停留时间内易发生船舶溢油等风险。

究其原因，大部分船主会选择在涨潮时出行，以节约燃料降低成本。鉴于此，高峰期江面船只密度大，相撞几率增大，风险概率加大，应对船只的运行做好充分调度。

2）危险化学品/垃圾废品船舶碰撞风险评估

高风险事件：危险品船舶碰撞、搁浅、溢油导致危险化学品、油品泄漏，污染水源水质。

危险化学品（包件和运输组件）落水后由于货物比重不同，一般有三种形态：漂浮、半沉浮或沉没，漂浮、半沉浮的包件和集装箱会随潮流和过往船只的扰动不断漂移，在水上的位置难以确定，对港口的正常通航环境造成影响。破损的集装箱会造成货物包件散落在水中，给打捞工作带来困难。沉没在水底的包件、集装箱很难被发现、打捞和清理。如果落水的危险货物包件破漏，可能会造成严重的水域污染和安全事故。危险化学品泄漏到水中，通过对生物的影响及在水体环境中相互作用，可能破坏生物栖息地，造成生物资源的损害，并最终损害人类健康。

通过对船舶碰撞事故原因分析，得出导致船舶碰撞风险的主要因素包括：船舶在航行中操作不当、环境因素、船舶管理不完善。

3）船舶航行的安全风险评估

高风险事件：因米市渡通航密度高，空载及散货船舶也有可能发生搁浅、碰撞事故，导致溢油事件；散货运输方式导致水体环境污染。

在经过米市渡监测点的船舶中，通过对货物的种类以及货物的来源属地进行分析，得到以下结论：对空载（34%）、散货（63%）以及危险品（3%）的具体数量进行比较，其中数量最多的是装载散货的船舶；随机抽样调查的数据分析显示，危险品运输船一半以上是由外省进入本市，主要是来自浙、苏、皖三省，其运载的主要危险品为油类、散装液体化学品和液化气；对浙、苏、皖、豫等四个省市散货船舶的主要货物类型进行分析，得出浙、苏、皖散货船舶运输量最大的货物均为沙土，河南省的散货船舶运煤量最大。危险品所占比例：苏 7.6%、沪 6.9%、皖 5.7%、浙 3.6%、豫1.3%；运载船舶的船型：大型船 225 只，占 5.0%；中型船 3065 只，占 67.7%；小型船 1238 只，占 27.3%。

长湖申线作为上海市连接江、浙、皖的内河主要航道，每年平均承担 120 万 t 以上的危险货物运输量。而各类船舶通过长湖申线进出上海黄浦江下游核心水域时，可能途径上海黄浦江上游饮用水水源地的 5 个取水口区域。目前以散装运输为主的运输方式会对水源地带来两方面的风险：一是船舶的搁浅、碰撞、溢油的风险；二是当船舶发生突发事件之后，若船体内装载货物为危险化学品，必然会对取水口产生严重危害。

为应对船舶自身风险，建议对一般危险货物采取集装箱方式运输。为应对船舶危险品对水源的风险，黄浦江上应停运各种危险品，包括油船及化学品运输船，通过流动源的减少带动黄浦江两岸固定源的削减。此外，因船舶运输货物种类繁多，各部门应加强职责分工，具体包括：市交港局主管危险货物管理工作，负责危险品水路运输安全，对运输企业、船舶、驾驶人员、船员、装卸人员、押运人员进行资质认定；海事局负责对危险化学品运输船舶进出外港进行申报审查，核发危险品运输船舶的注册登记证书；环保局负责危险化学品安全综合管理，负责化学品生产安全事故调查。

#### 3.6.2.3 流动风险源的可减缓性评估

可减缓性评价是用于表征一个风险事件发生之后可以被减缓程度的总和变量。它包括时间和价值两个维度，可以分别用推迟的时间和降低的损失来进行度量。该评价用来说明一个突发的风险事件可否推迟发生，以及说明突发事件造成的价值损失可否减小。对于水源地突发性船舶泄漏事件而言，从突发事件事发，到水体局部污染，再到形成灾害性的后果，存在一个相对较长的时间过程，也就是说，突发性污染事件的发生，并不会顷刻间对取水口造成直接危害，可以在事发后立即对污染事件进行危害性评估，以确定是否要对该突发性事件采取应急响应行动，以及采取什么级别的响应。

在对流动风险源识别以及高风险事件评估的基础之上，得出风险高发情况下风险源的可减缓性大小关系，如图 3.6.2 所示。

对于可减缓性大的风险，通过事前预警、加强管理监管力度，可推迟突发风险事件导致的取水口水质污染，为采取应急措施争取时间。对于可减缓性小的风险，一旦风险事件发生，在短时间内无法改变其发生蔓延的过程，需要立即采取相应措施以减缓损害大小。

| | | | | | |
|---|---|---|---|---|---|
| 危险化学品船舶风险源 | 大 | 中 | 中 | 小 | 小 |
| 垃圾固废船舶风险源 | 大 | 中 | 中 | 小 | 小 |
| 船员生活污染源 | 大 | 大 | 中 | 中 | 小 |
| 高风险事件 | 风险高发期 | 碰撞高发期 | 黑劣天气下航行风险 | 取水口污染风险 | 违法航行风险 |

**图 3.6.2　流动风险源可减缓性评估图**

### 3.6.2.4　黄浦江上游水源保护区流动风险源的风险控制措施

1. 加强对现有危险品船舶的监管

现有的相关法律法规体系较为完善，但在实际操作中还存在以下问题：

一是进入上海市内河的散装危险货物运输船舶船型落后，虽有相关法律法规支撑，但难以实施，急需在更大的范围内共同推进。

二是由于平台兼容性以及运营商服务水平存在较大差异，导致 GPS、AIS 监控平台信号尚不稳定，尤其是江苏、浙江两地平台信号接入时断时续，难以做到完全动态监控。

三是上海市内河缺少处置危险化学品泄漏等事故的专业应急队伍。

随着跨省市运输量的不断增加，建议加快建立更加有效的区域安全监管和联控机制，在更大范围内保障危险化学品水上运输安全。

2. 明确危险船舶管理责任分工

根据职责分工，上海市交港部门对危险化学品水路运输安全实施监督，负责对危险化学品运输单位、驾驶人员、船员、装卸人员和押运人员的资质进行认定,并负责对前述事项的监督检查。市环保部门负责对废弃危险化学品处置的监督管理,负责调查重大危险品污染事故和生态破坏事件,负责有毒化学品事故现场的应急监测和进出口危险化学品的登记,并负责对前述事项的监督检查。

3. 建立水运安全风险管理的信息系统

航道信息化管理利用现代电脑网络、数字通讯、卫星定位等技术手段,并整合航道的各种资源,实现航道管理的信息化、科学化、智能化。航道信息化建设初期以航道视频监控系统、水上交通呼叫中心等为建设重点,提供航道管理的直观视听手段。逐步建设航道地理信息系统(GIS)、船舶 GPS 动态管理系统、水上交通指挥中心等,为水上交通管理提供决策支持。最后通过建设水路运输短信平台、航道诱导信息显示系统(LED 显示屏)等,为水上交通管理信息传达提供必要手段。同时逐步建立航道视频分析系统、航标电子遥测监控系统和水位监测系统等多种信息化管理系统。

此外,风险管理信息系统应实现信息在海事、水务、环保、安监等各职能部门、基层单位之间的共享,满足本单位整体和跨职能部门、基层单位的风险管理综合要求。并有专属部门负责确保风险管理信息系统的稳定和安全运行,并根据实际需要不断进行改进、完善和更新。

4. 风险控制的应急预案

应通过工程、技术、管理、法规等多种手段,提高黄浦江水源地抵抗突发事故的能力,降低污染事故的发生率。进一步制订和完善应急处置预案,加强饮水安全突发事件的应急处置能力。

建议制订上海市饮水安全突发事件应急处置的规划,加快研发和建立储备体系,储备必要的净化水体和控制污染的相关材料、设备和药剂,例如活性碳、膜分离材料等吸附过滤材料,以满足突发事件应急处置的需求,做到有备无患。

### 3.6.3 基于“特征时间指数法”的蓝藻水华爆发风险评估方法

借鉴应用于突发水质污染事件快速评估的“特征时间指数法”,构建淀山湖蓝藻水华暴发的风险评估方法，给出定性和半定量的描述蓝藻暴发风险的评估方法，以“蓝藻暴发预期时间”作为风险评估的主要表达结果，对蓝藻暴发给出短期和中期的风险预警。

### 3.6.3.1　“蓝藻暴发预期时间法”的提出

在现有的定性评估法的基础上，提出综合性的应急评估方法——“蓝藻暴发预期时间法”，简称为 CTI(Characteristic Time Index)法。该方法试图在综合分析和计算蓝藻水华暴发的主要影响因素及相关性的基础上，采用“特征时间”来表述最终的评估结果，给出定性和半定量的描述蓝藻暴发风险的评估方法，以“蓝藻暴发预期时间”作为风险评估的主要表达结果，对蓝藻暴发给出短期和中期的风险预警。

CTI 法既是对现有专家定性评估方法的改进，同时也是对模型定量评估方法的补充。该方法的大致设计思路和评估过程是：在了解蓝藻水华暴发的主要影响因素及相关性的基础上，综合分析各种因素对后果的影响度以及各因素之间的关系权重，筛选出 5 项评估指标，建立一套评估指标体系；将某些蓝藻暴发的先兆信息对照该指标体系进行评估，得出各指标的具体分值，再代入评估公式计算，最终得出“蓝藻暴发预期时间”。

### 3.6.3.2　依据与说明

1. 方法依据

“特征时间指数法”的基本评估思路以现有的“专家评估法”为基础，方法具体设计过程中的评估指标选取、指标取值和分级、评估公式的设计与调试、最终结果指数的级别划定以淀山湖的实际情况和历史蓝藻暴发事件记录的事实信息为基础，具有一定的客观性和数理统计、运算依据。

2. 适用范围

“特征时间指数法”可应用于所有面临突发性蓝藻暴发威胁的水源地应急风险评估中，其具体指标数值选取、取值应以各地具体的水源地设置、历史突发水污染事件的统计情况为依据，制定出适合当地条件的评估标准。

3. 结果说明

用“特征时间”作为评估结果，能够较直观地反映蓝藻暴发的紧急性，让决策者从“时间”的角度感受污染事件的影响度，满足了应急评估方法所应该具备的结果直观性要求。

### 3.6.3.3 思路与过程

评估思路和过程大致有以下七个步骤(见图 3.6.3)：

(1) 风险因素识别：对历史污染事件记录中的事件信息与事件后果之间的联系进行分析，列出事件信息中所有与事件后果影响度相关的因素，形成风险指标列表。

(2) 风险指标筛选：分析、识别、比较上述影响因素，筛选出其中对事故后果影响最为直接的若干因素，进行逐个研究，形成关键指标列表。

(3) 关键指标分级：将筛选出的关键指标按权重采取十分制或五分制计，并按一定的标准划分为若干区间，每个区间对应一定的分值，形成指标量化分级表。

(4) 评估公式设计：根据各指标所对应的具体计算因子，确定综合定性评估的计算公式。

(5) 历史污染事件的数值输入与计算：将历史污染事件的各指标数值输入评估公式，得出综合评估指数。

(6) 综合评估指数分级：将计算得出的一组综合评估指数，按各数值区间所占的比重进行分级，得出综合评估指数分级表。

(7) 对应“特征时间”：赋予每个级别的综合评估指数对应的“特征时间”，最终得出“特征时间级别表”。

### 3.6.3.4 评估指标及标准分级

1. 风险因素识别

在蓝藻暴发的事故信息中，与事件后果影响度相关的主要因素有：

温度：根据蓝藻暴发的历史事件记录，温度是影响蓝藻暴发的主要因子。一般而言，温度会对藻类的新陈代谢和生命活动产生重要影响，水温升高，藻类的生理活

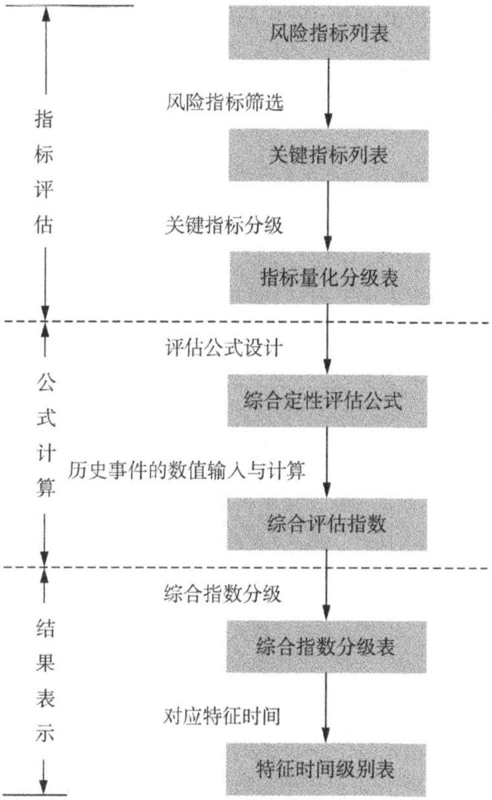


**图 3.6.3 “特征时间指数法”(CTI)设计流程**

动活性加大，对营养物质的利用效率提高，比增殖速率上升，进而造成藻类在湖体中的大量繁殖。

光照：根据相关记录，只有在光照强度和时间足够的情况下，才可能发生蓝藻暴发。光照是藻类生长最基本的条件，在一定的光强范围内，藻类的光合作用速率与光照强度成正比例关系，此时，藻类快速繁殖，生物量逐渐积累，直至达到饱和。

气压：与温度存在较大关联。

降水：根据相关记录，蓝藻水华暴发当日降水普遍较少或无降水，当日降水条件与蓝藻水华暴发关联明显，无或基本无降水是蓝藻水华暴发的重要前提条件。

水文状况：蓝藻暴发时水体的流速、流量等对污染物的扩散、稀释速度起决定作用，而流向则对污染物质的扩散、漂移方向有直接影响。

污染物浓度：主要是氮、磷浓度，是蓝藻暴发的充分条件。

2. 风险指标因子筛选

综合分析蓝藻暴发事件的特征，筛选出5项指标作为评估蓝藻暴发的风险指标因子：温度、光照时间、污染物浓度、有无降雨、水文指标。

总体而言，温度较高、光照时间长、污染物浓度较高、无降水、水文条件适合，是蓝藻暴发的基础性条件。

3. 关键因子分级

关键指标分值如表3.6.3所示。

**表3.6.3 关键指标分值表**

| 指标 | 描述 | T指标分值 |
| --- | --- | --- |
| 温度 | 近三日气温之和大于90℃，当时气温大于30℃ | 5 |
| | 近三日气温之和大于84℃，当时气温大于28℃ | 4 |
| | 近三日气温之和大于81℃，当时气温大于27℃ | 3 |
| | 近三日气温之和大于78℃，当时气温大于26℃ | 2 |
| | 近三日气温之和大于75℃，当时气温大于25℃ | 1 |
| 光照时间 | 近三日光照大于15 h，当日光照时间大于5 h | 5 |
| | 近三日光照大于13.5 h，当日光照时间大于4.5 h | 4 |
| | 近三日光照大于12 h，当日光照时间大于4 h | 3 |
| | 近三日光照大于10.5 h，当日光照时间大于3.5 h | 2 |
| | 近三日光照大于9 h，当日光照时间大于3 h | 1 |
| 污染物浓度 | 按地表水环境质量标准，为劣Ⅴ类水质标准的2倍以上 | 5 |
| | 按地表水环境质量标准，为劣Ⅴ类，且为2倍以下 | 4 |
| | 按地表水环境质量标准，为Ⅴ类 | 3 |
| | 按地表水环境质量标准，为Ⅳ类 | 2 |
| | 按地表水环境质量标准，为Ⅲ类 | 1 |
| 有无降雨 | 无降雨或极少降雨 | 3 |
| | 小雨 | 2 |
| | 中雨以上 | 1 |
| 水文条件 | 高潮位 | 3 |
| | 正常 | 2 |
| | 低潮位 | 1 |

### 3.6.3.5 评估公式及评估结果

1. 评估公式

设计公式计算包括5项因子：温度($T$)、光照时间($S$)、污染物浓度($P$)、有无降雨($R$)、水文指标($H$)，其评估公式如下：

$$I = T \times S \times P \times R \times H \tag{3-30}$$

式中：$I$ 为综合评估指数；$T$ 为温度；$S$ 为光照时间；$P$ 为污染物浓度；$R$ 为有无降雨；$H$ 为水文指标。

2. 综合评估指数分级

运用上述评估公式，对2007年以来有记录的蓝藻水华暴发事件进行评估计算。

由于缺少部分指标记录，仅根据相关经验和推断得出一组Ⅰ值，并将Ⅰ值划分为四个区间，对应四个不同的蓝藻暴发可能性等级，如表3.6.4所示。

**表3.6.4 Ⅰ值级别表**

| Ⅰ值 | 影响结果描述 | 预期时间(d) |
|---|---|---|
| Ⅰ≥900 | 蓝藻极易暴发 | 1 |
| 600≤Ⅰ<900 | 蓝藻较易暴发 | 1～3 |
| 300≤Ⅰ<600 | 蓝藻可能暴发 | 3～6 |
| Ⅰ<300 | 蓝藻不会暴发 | — |

3. 结果分析

CTI值(用Ⅰ值表示)用来反映蓝藻暴发的可能性大小和预期时间，并不表示一个确切的概率值或时间值，其物理意义可以理解为：蓝藻暴发事件的半定量经验判断和预期暴发"特征时间"。

CTI的四个区间分别对应四种不同程度的影响结果，并对应四种不同级别的应急响应行动。CTI值大于等于900，预期时间为"1 d"，表示蓝藻极易暴发，应实施一级应急响应，环保、海事等所有相关部门按照应急行动的最高等级要求联合采取行动，取水口应立即实施保护和抵御措施，并做好关闭准备；CTI值大于等于600，小于900时，预期时间为"1～3 d"，表示蓝藻较易暴发，应采取二级应急响应，环保、海事等部门共同参与行动，取水口也要有相应的准备；CTI值大于等于300，小于600时，预期时间为"3～6 d"，表示蓝藻可能暴发，应采取三级应急响应；CTI值小于300时，表示蓝藻不会暴发。

针对淀山湖蓝藻暴发的CTI法的计算公式、指标设置、分级标准，还需要根据淀山湖蓝藻暴发的实际情况和监测记录，做进一步的探讨和校正。

# 参考文献

## 第一章 参考文献


[1] CUI W, LIU J, JIA J, et al. Terrestrial ecological restoration in China: identifying advances and gaps[J]. Environmental Sciences Europe, 2021,33(1).

[2] HAGGER V, DWYER J, WILSON K. What motivates ecological restoration? [J]. Restoration Ecology, 2017,25(5): 832-843.

[3] HUANG J, ZHANG X, TONG Y, et al. Water Environmental Capacity Calculation and Allocation of the Taihu Lake Basin in Jiangsu Province Based on Control Unit [J]. International Journal of Environmental Research and Public Health, 2019,16(19): 3774.

[4] 王雪松，张鸽，李颖，等. 常州市典型水生态环境功能区河流水环境质量评价[J]. 人民珠江，2022,43(1): 64-73, 103.

[5] 刘菁，唐德善，郝建浩. 基于复合云模型的太湖流域水环境质量风险评价[J]. 长江科学院院报，2018,35(6): 24-29.

[6] 毛嘉玲，杨洁，邵智娟，等. 基于受体易损性评估的区域环境风险应急管理[J]. 苏州科技大学学报(自然科学版)，2022,39(2): 53-61.

[7] 徐锦前，钟威，蔡永久，等. 近30年长荡湖和滆湖水环境演变趋势[J]. 长江流域资源与环境，2022,31(7): 1641-1652.

[8] 张士萍. 区域突发环境事件风险评估研究及案例分析[J]. 能源与环境，2021(4): 99-100.

[9] 吴天祺. 太湖流域典型集中式饮用水源地水环境风险评估研究[D]. 南京：东

南大学，2018.

[10] 国晓春，韩镇阳，卢少勇，等. 太湖流域工业点源排污许可管理技术集成与应用研究[J]. 华东师范大学学报：自然科学版，2021(4)：39-45.

[11] 徐洁，刘志勇，林前程. 太湖流域水环境预警督办方法研究与应用[J]. 中国生态文明，2021(2)：61-63.

[12] 朱桂娥，孙大勇，李星南. 太湖流域水环境综合治理与长江水环境影响分析[J]. 陕西水利，2022(2)：20-23.

[13] 黄琴，倪平，毕军，等. 太湖流域水生态环境功能分区管理绩效评估研究[J]. 长江流域资源与环境，2022,31(5)：1116-1124.

[14] 蔡梅，王元元，龚李莉，等. 新一轮太湖流域水环境综合治理的思考和建议[J]. 水利规划与设计，2021(2)：4-6，45.

## 第二章　参考文献

[1] 叶懿安，张磊，高爽，等. 南京江北新区环境风险区划及对策研究[J]. 环境科技，2020,33(5)：65-70.

[2] ZHAO K，YANG D，YANG J，et al. Research on Risk Detection and Precaution of Water Environment[J]. Disaster Advances，2010,3(4)：274-280.

[3] QIAO Y，GUO Q，WU X，et al. Environmental risk analysis of surface water based on multi－source data in Tianjin Binhai New Area，China[J]. Environmental Monitoring and Assessment，2021,193(8)：1-15.

[4] 温贤勇，狄宝生，郑奇. 流域水环境风险评估与预警技术分析[J]. 皮革制作与环保科技，2022,3(16)：69-71.

[5] 沙俊宏，李艳，王留锁，等. 太子河流域水环境风险源等级划分方法研究[J]. 沈阳理工大学学报，2022,41(4)：89-94.

[6] 任晓强，管孝艳，陶园，等. 白洋淀流域水环境风险评估综述[J]. 中国农村水利水电，2021(1)：22-27.

[7] ZHOU Q，PANG Y，WANG X，et al. Determination of Key Risk Supervision

Areas around River-Type Water Sources Affected by Multiple Risk Sources: A Case Study of Water Sources along the Yangtze's Nanjing Section[J]. Sustainability, 2017, 9(2): 283.

[8] YAO H, LI W, QIAN X. Identification of Major Risk Sources for Surface Water Pollution by Risk Indexes (RI) in the Multi-Provincial Boundary Region of the Taihu Basin, China[J]. International Journal of Environmental Research and Public Health, 2015, 12(8): 10150-10170.

[9] MALLARINO A P, STEWART B M, BAKER J L, et al. Phosphorus indexing for cropland: Overview and basic concepts of the Iowa phosphorus index[J]. Journal of Soil and Water Conservation, 2002, 57(6): 440-447.

[10] BECHMANN M, KROGSTAD T, SHARPLEY A. A phosphorus Index for Norway[J]. Acta Agriculturae Scandinavica Section B-Soil and Plant Science, 2005, 55(3): 205-213.

[11] 苏静君，赵洪涛，焦茹媛，等. 基于 R 语言的非点源颗粒态磷指数构建及应用—以丘陵红壤区小流域为例[J]. 中国环境科学，2021，41(4)：1868-1877.

[12] 王妞，陆海明，邹鹰，等. 基于地形指数的流域非点源磷素输出关键源区识别[J]. 水文，2016，36(2)：12-16，22.

[13] 李文超，刘申，刘宏斌，等. 国内外磷指数评价指标体系研究进展[J]. 土壤通报，2016，47(2)：489-498.

[14] LI H, LIU J, LI G, et al. Past, present, and future use of phosphorus in Chinese agriculture and its influence on phosphorus losses[J]. Ambio, 2015, 44(S2): 274-285.

[15] SCHOUMANS O F, CHARDON W J. Risk assessment methodologies for predicting phosphorus losses[J]. Journal of Plant Nutrition and Soil Science, 2003, 166(4): 403-408.

[16] SEDOROVICH D M, ROTZ C A, VADAS P A, et al. Simulating management effects on phosphorus loss from farming systems[J]. Transactions of the ASA-

BE，2007,50(4)：1443-1453.

[17] MCDOWELL R W，CONDRON L M. Estimating phosphorus loss from New Zealand grassland soils[J]. New Zealand Journal of Agricultural Research，2004,47(2)：137-145.

[18] 阮淑娴，戴行飞. 潜在生态危害指数法在河道底泥重金属植物修复评价中的应用研究[J]. 皮革制作与环保科技，2021,2(8)：93-94.

[19] 陈述，邵波，陈云，等. 水电厂设备设施风险的动态分级研究[J]. 中国安全科学学报，2015,25(2)：71-76.

[20] 邱维. 地下污水处理厂风险分析及对策探讨[J]. 中国给水排水，2017,33(8)：32-34.

[21] 陈韵，黄怡. 工业地区更新的环境风险及其控制机制—以上海为例[J]. 上海城市规划，2020(4)：98-105.

[22] 周晶，贾亚娟，郭小桐. 区域环境风险系统分析及指标体系建立[J]. 环境与发展，2019,31(6)：10,12.

[23] ZHOU Y，LEI J，ZHANG Y，et al. Determining Discharge Characteristics and Limits of Heavy Metals and Metalloids for Wastewater Treatment Plants (WWTPs) in China Based on Statistical Methods[J]. Water，2018,10(12489).

[24] BREARS R C. Developing the Circular Water Economy：Reuse and Recycle[M] New York：Palgrave Macmillan，2019：65-83.

[25] O'CONNOR M，GARNIER G，BATCHELOR W. The Trade-off Between Environmental Impacts in Water Recycling Systems Using Industrial Effluent[J]. Journal of Industrial Ecology，2014,18(5)：771-783.

[26] ZHUANG Y，ZHANG L，CHIU Y，et al. Evaluating the recycling efficiency of industrial water use systems in China：Basin differences and factor analysis [J]. Journal of Environmental Management，2022,316：115313.

[27] CHEN H，JIA C. Research on ppp model of rural domestic sewage treatment in coastal areas of Jiangsu China[J]. Fresenius Environmental Bulletin，2022,31

(8)：8205-8213.

[28] COMBER S, GARDNER M, GEORGES K, et al. Domestic source of phosphorus to sewage treatment works[J]. Environmental Technology, 2013,34(10)：1349-1358.

[29] YAO T, WEI Y, ZHANG J, et al. What influences the urban sewage discharge in China? The effect of diversified factors on the urban sewage discharge in different regions of China[J]. Environment Development and Sustainability, 2022,24(5)：6099-6135.

[30] CHENG P. Study on sewage treatment and economic development[J]. Fresenius Environmental Bulletin, 2021,30(1)：181-186.

[31] 蒋如东，洪国喜，史诗. 无锡市重点水功能区水质达标率时空特征及其成因分析[J]. 水资源开发与管理，2019(4)：41-44.

[32] 张汛，李鹏. 工业废水排放总量预测模型研究与仿真[J]. 计算机仿真，2022，39(7)：482-486.

[33] 毛嘉玲，杨洁，邵智娟，等. 基于受体易损性评估的区域环境风险应急管理[J]. 苏州科技大学学报(自然科学版)，2022,39(02)：53-61.

[34] WANG X, PANG Y, WANG X, et al. Study of Water Environmental Cumulative Risk Assessment Based on Control Unit and Management Platform Application in Plain River Network[J]. Sustainability, 2017,9(6)：975.

**第三章　参考文献**

[1] CUI T, LONG Y, WANG L, et al. Analysis on the effect of the backbone works of the Taihu Lak[C]//IOP conference series: Earth and environmental science, 2019,218(1)：12100.

[2] HU K, WANG Y, FENG B, et al. Calculation of water environmental capacity of large shallow lakes - a case study of Taihu Lake[J]. Water Policy, 2020,22(2)：223-236.

[3] CHEN G, WANG C, FANG X, et al. Distributed-Framework Basin Modeling System: IV. Application in Taihu Basin[J]. Water, 2021,13(5): 611.

[4] XIE F, CAI G, ZHANG D, et al. Distribution, Source Apportionment and Risk Assessment of Polycyclic Aromatic Hydrocarbons (PAHs) in Surface Sediments at the Basin Scale: A Case Study in Taihu Basin, China[J]. Bulletin of Environmental Contamination and Toxicology, 2022,110(1): 27.

[5] ZHANG J, ZHANG L, CHAI Q, et al. Insights into spatiotemporal variations of the water quality in Taihu Lake Basin, China[J]. Environmental Monitoring and Assessment, 2021,193(11): 757.

[6] REN W, WU X, CHAO J, et al. Optical characteristics and factors that influence representative Lakes in the Taihu Lake basin, China[J]. Journal of Freshwater Ecology, 2022,37(1): 243-257.

[7] WANG L, REN X, WANG X, et al. Polycyclic aromatic hydrocarbons (PAHs) in the upstream rivers of Taihu Lake Basin, China: spatial distribution, sources and environmental risk[J]. Environmental Science and Pollution Research, 2022,29(16): 23690-23699.

[8] 林颖，高俊敏，郭劲松，等. 基于物种敏感度分布的典型抗生素的长期水质基准推导及其在生态风险评估中的应用[J]. 环境科学学报，2022：1-13.

[9] 乔宇，闫振飞，冯承莲，等. 几种典型模型在物种敏感度分布中的应用和差异分析[J]. 环境工程，2021,39(10)：85-92.

[10] ZHANG X, ZHANG Q, ZHANG G, et al. Landsat-based two decades land cover change in Dongting lake region[J]. Fresenius Environmental Bulletin, 2018,27(3): 1563-1573.

[11] FU H, GU L, REN R, et al. Land Salinization Classification Method using Landsat TM in Western Jilin Province of China[C]//Proceedings of Spie the International Society for Optical Engineering, 2014.

[12] 代倩子，张坤，徐彬. 2014—2018 年太湖梅梁湖和东太湖水质变化特征分析

[J]. 中国农村水利水电，2020(7)：82-84.

[13] 朱文昌，陆敏，石浚哲. 梅梁湖水体浮游植物与环境因子的关系[J]. 环境监测管理与技术，2010,22(3)：27-30.

[14] 杨麟，孙健. 五里湖-梅梁湖磷污染调查[J]. 环境监测管理与技术，2001,13(6)：18-20.

[15] 袁萍，朱喜. 梅梁湖治理现状及继续治理思路[J]. 水利发展研究，2014,14(6)：44-48.

[16] 张蔚，何正兴. 基于低空无人机搭载可见光近红外传感器的太湖蓝藻监测[J]. 山东国土资源，2013,29(8)：53-55.

[17] WANG J，PANG Y，LI Y，et al. Experimental study of wind-induced sediment suspension and nutrient release in Meiliang Bay of Lake Taihu，China[J]. Environmental Science and Pollution Research，2015,22(14)：10471-10479.

[18] SONG Q，LI Y，JIANG X. Spatial distribution of phosphorus fractions in the sediments of Meiliang Bay，Taihu Lake，China[J]. Progress in Environmental Science and Engineering，2013,610-613(1-4)：2766-2770.

[19] WANG J，PANG Y，LI Y，et al. The regularity of wind-induced sediment resuspension in Meiliang Bay of Lake Taihu[J]. Water Science and Technology，2014,70(1)：167-174.

[20] 孙滔滔，赵鑫，李再华，等. 水源地潜在风险源评估指标体系及其管理平台研发[J]. 中国农村水利水电，2019(11)：94-97,109.

[21] PENG J，SONG Y，YUAN P，et al. An novel identification method of the environmental risk sources for surface water pollution accidents in chemical industrial parks[J]. Journal of Environmental Sciences，2013,25(7)：1441-1449.

[22] 迟菲，陈安. 突发事件的可减缓性评价模型的研究[J]. 自然灾害学报，2014,23(5)：1-10.

[23] WU X，ZHANG L，ZHANG H，et al. Factors on Particulate Phosphorus Loss in Surface Runoff under Simulated Rainfalls[J]. Asian Journal of Chemistry,